Mosaik

HELGA HOFMANN

KATZEN RICHTIG VERSTEHEN

Alles, was Sie über das Verhalten Ihrer Katze wissen sollten

320 Fotos von Monika Wegler

Mosaik Verlag

IMPRESSUM

BILDNACHWEIS
Fotos: Archiv für Kunst und Geschichte (AKG), Berlin:
15 links oben und rechts oben, 41 links oben;
Keystone Pressedienst, Hamburg: 17 links oben und rechts oben;
PIB, Kopenhagen: 17 rechts unten;
Reinhard, Eitersbach: 21 rechts unten und links oben;
Silvestris, Kastl; 21 rechts oben und links unten, 23 Mitte und unten
Alle anderen Fotos: Monika Wegler, München
Illustrationen: Bettina Buresch, München

Der Mosaik Verlag ist ein Unternehmen
der Verlagsgruppe Bertelsmann

Projektleitung: Michael Eppinger
Konzept und Redaktion: Ulrike Pichler
Grafische Gestaltung und Satz: Ekkehard Melchert, Ohlsbach
Reproduktion: Arti Litho, Trento
Druck und Bindung: Mohndruck Graphische Betriebe GmbH, Gütersloh
Printed in Germany
ISBN 3-576-10271-X

Wie oft, wenn ich an meinem Schreibtisch sitze und an einem Manuskript tippe, kommt ein lautloser schwarzer Schatten um die Ecke gebogen, reibt sich kurz an meinen Beinen und läßt sich dann, zufrieden schnurrend, in einem Winkel des Arbeitszimmers zu einem Schläfchen nieder! Mein großer, schwarzer Kater Mischa sucht meine Gegenwart. Manchmal will er nur irgendwo in der Nähe sein, manchmal auf dem warmen Schoß liegen. Ganz anders die zierliche, ebenfalls schwarze Kätzin Jenny. Sie macht sich nicht sehr viel aus der Gesellschaft eines Menschen, kommt höchstens, wenn sie Hunger hat und ist ansonsten am liebsten für sich allein. Beide wurden als halbwüchsige Jungkatzen vom Tierschutzverein aus einem Straßenrudel „wilder" Katzen aufgegriffen, bevor sie in mein Haus kamen. Alles andere als Schmusekätzchen, benahmen sie sich anfangs tatsächlich wie Wildtiere, scheu, überaus vorsichtig, nur auf Überleben bedacht. Es dauerte Monate und brauchte viel Geduld, bis sie Schritt für Schritt Vertrauen faßten zu den Menschen.

Die beiden halfen mir bei der Beantwortung einer Frage, die mich schon seit längerem beschäftigte: Wie natürlich sind eigentlich unsere Hauskatzen noch? Immerhin sind seit den Anfängen der Domestikation in Ägypten runde 4000 Jahre vergangen. Es liegen also mehrere tausend Katzengenerationen zwischen den wilden Vorfahren der Hauskatze und unseren heutigen Stubentigern. Wie sehr haben sich die angeborenen Verhaltensweisen der Tiere inzwischen verändert? Offenbar nicht allzusehr, wie mir meine beiden „Wilden" vor Augen führten. Auch zahlreiche vergleichende Verhaltensstudien von Wissenschaftlern aus aller Welt belegen, daß unsere Hauskatzen noch das ganze Verhaltensrepertoire ihrer Vorväter „drauf haben". In jeder zärtlich schnurrenden Schoßkatze steckt noch immer ein Raubtier, das sich nötigenfalls allein durchschlagen und ohne die Führsorge des Menschen überleben kann. Wenn sie bei den Menschen lebt, tut sie dies freiwillig.

Das gilt uneingeschränkt allerdings nur für die ganz „normale" Hauskatze, die seit Jahrtausenden als Mäusejägerin ihren Dienst tut und die auch heute noch das Gros der weltweit über 100 Millionen Hauskatzen ausmacht. Von ihr handelt dieses Buch in erster Linie. Mit den hochgezüchteten Rassekatzen ist das etwas anderes. Sie tendieren zu viel größerer Abhängigkeit vom Menschen als ihre „einfachen" Artgenossen.

Etwas fasziniert mich bei den Katzen ganz besonders: ihre ausgeprägte Individualität. Die Wesensart der Katze zu beschreiben ist beinahe genau so schwer, fast möchte ich sagen: unmöglich, wie die Aufgabe, das Wesen der Menschen, nicht eines bestimmten, sondern aller Menschen, zu beschreiben. Es gibt eben solche und solche, aber keinen Prototyp. Es möge sich also niemand wundern, wenn just seine Katze in so mancher Hinsicht „ganz anders ist" als die in diesem Buch beschriebenen Artgenossen.

Helga Hofmann

INHALT

FASZINATION KATZE

RELIGION UND KUNST

Im alten Ägypten wurde die Katze als Gott-Tierwesen verehrt, im christlichen Mittelalter als Teufels- und Hexentier verfolgt. Im volkstümlichen Aberglauben galt – und gilt sie bis heute – als Sinnbild des Guten wie des Bösen, ganz nach Bedarf. Maler und Bildhauer ließen sich seit Jahrhunderten von der Schönheit und Geschmeidigkeit des Katzenkörpers in ihrem Können herausfordern. Überall in der Kunst spiegelt sich die „Faszination Katze" wider, vom Gestiefelten Kater bis zum Musical „Cats".

Seite 12–17

ABSTAMMUNG UND TIERART

Aus ersten katzenähnlichen Urraubtieren entwickelte sich im Lauf von 40 Millionen Jahren die Familie der Katzen, wie wir sie heute kennen: perfekte Jäger mit einem hochspezialisierten Gebiß und einem geschmeidigen Körper, der an Vielseitigkeit und Geschicklichkeit im Tierreich kaum zu überbieten ist. Und auch bei der Ausstattung mit exzellenten Sinnesorganen wurde die Katze von der Natur wahrlich großzügig bedacht.

Seite 18–35

KATZE UND MENSCH

Als die Katze zum Haustier des Menschen wurde, machte sie sich als Mäuse- und Rattenjägerin bald unentbehrlich. In jüngerer Zeit holte sie sich der Mensch auch als Zierde in sein Heim und schuf durch gezielte Zucht die verschiedenen Rassen der „Edelkatzen". Die Katze ist heute das beliebteste Haustier bei Jung und Alt.

Seite 36–51

GEBURT UND AUFZUCHT

Katzenbabys sind typische Nesthocker und zunächst ganz auf die Fürsorge ihrer Mutter angewiesen. Kätzinnen sind hingebungsvolle Mütter, die zur Verteidigung ihrer Jungen aber auch zu Furien werden können. Geduldig lehren sie ihre Kleinen, was diese für ihr späteres Leben brauchen. Im Alter von etwa einem halben Jahr sind Katzenkinder dann so selbständig, daß sie die Mutter nicht mehr länger brauchen. Die enge Bindung zwischen Mutter und Kindern löst sich auf.

Seite 54–69

KATZENVERHALTEN

SPIELEN UND LERNEN

In ihrem unermüdlichen Spiel lernen die kleinen Kätzchen nicht nur ihren Körper zu beherrschen, sondern machen auch die für ihr späteres Leben wichtigen Erfahrungen mit Gegenständen, Beutetieren, Mitkatzen und gegebenenfalls auch mit Menschen. Katzen spielen aber auch noch gerne, wenn die Kinderzeit längst hinter ihnen liegt, sofern ihnen die Lebensumstände dann noch Zeit dafür lassen. Als höchst intelligente Tiere können Katzen auch noch als Erwachsene ausgesprochen rasch Neues lernen und sich damit an wechselnde Lebensbedingungen anpassen. Im Zusammenleben mit dem Menschen sind sie durchaus nicht die unerziehbaren Eigenbrötler, für die sie gemeinhin gelten.

Seite 70–85

JAGD UND BEUTESPIEL

Unter den Raubtieren sind Katzen die perfektesten Jäger. Mit scharfen Sinnen nehmen sie Beutetiere, meist Mäuse, wahr, und mit ihrem wendigen Körper können sie sich fast unbemerkt anschleichen und mit geschicktem Satz nach der Beute springen. Vor allem Katzen, die nur selten Gelegenheit haben zu jagen, spielen oft lange mit ihrer Beute, bevor sie sie mit einem gezielten Biß ins Genick töten. Auf diese Weise reagieren sie ihren aufgestauten Jagdtrieb ab.

Seite 86–97

FRESSEN UND TRINKEN

Die Katze ist ein ausgesprochener Fleischfresser. Mit ihren scharfkantigen Backenzähnen schneidet sie ihre Nahrung, ob selbsterjagte Beutetiere oder Futterbrocken aus dem häuslichen Napf, in kleine Stücke und schlingt sie ohne langes Kauen hinunter. Ihren Durst stillt sie, wie alle Tiere, mit Wasser. Dabei formt sie die Zunge zu einer kleinen Schöpfkelle und schlappt die Flüssigkeit ins Maul.

Seite 98–105

INHALT

KATZENVERHALTEN

SAUBERKEIT UND KÖRPERPFLEGE

Täglich widmen sich Katzen ausgiebig der Fellpflege und dies oft stundenlang. Auch die Krallen werden sorgfältig geputzt und und regelmäßig geschärft. Wohnungskatzen kann man mühelos dazu erziehen, für ihr „Geschäft" eine bereitgestellte Katzentoilette zu benutzen.

SCHLAFEN UND TRÄUMEN

Gemessen an der dafür aufgewendeten Zeit ist Schlafen bei weitem die Hauptbeschäftigung von Katzen. Rund zwei Drittel ihres Tages verbringen sie damit. Ihren Schlafplatz sucht sich eine Katze sehr sorgfältig aus: Vor allem warm muß er sein, aber auch vor Zugluft geschützt und vor Störenfrieden oder Feinden sicher. In einer Wohnung wählen Katzen manchmal die merkwürdigsten Plätze für ein Nickerchen. An ihrer Körperhaltung kann man erkennen, ob eine Katze nur döst oder leicht schlummert oder ob sie gerade im Reich der Träume weilt. Nach dem (ungestörten) Erwachen ist dann eine obligatorische Streckgymnastik an der Reihe.

LUST UND LIEBESLEBEN

Katzenhochzeiten können das ganze Jahr über stattfinden, die hohe Zeit dafür aber ist der Februar. Allenthalben erklingen dann die nächtlichen Katzenkonzerte und Kater wie Kätzinnen bleiben oft nächtelang verschwunden, um ihren amourösen Abenteuern nachzujagen. Haben sich zwei gefunden, kommen sie sich im Laufe eines reichlich komplizierten Werbungsrituals allmählich näher. Die Entscheidung, ob und wann es zur Paarung kommt, liegt aber stets bei der Kätzin.

VERSTEHEN UND MISSVERSTEHEN

Die Katzensprache hat ein reichhaltiges Vokabular. Mit Lautäußerungen, mimischen Ausdrucksweisen, Schwanzsignalen und unterschiedlicher Körperhaltung teilt sich die Katze ihren Artgenossen mit. Individualisten, wie Katzen nun einmal sind, gibt es unter ihnen besonders mitteilsame ebenso wie äußerst schweigsame. Daß wir Menschen die Katzen nicht immer richtig verstehen, liegt sicherlich nicht an den Katzen. Im Gegenteil: Unsere Stubentiger sind gewöhnlich rührend darum bemüht, zu „ihren" Menschen besonders deutlich und betont zu „sprechen". Die vielsagenden Varianten des „Miaus" haben sie geradezu für uns Menschen reserviert.

Seite 134–149

ZUHAUSE UND UNTERWEGS

Katzen können in verschiedenen Lebensräumen und in unterschiedlichen sozialen Beziehungen leben. Die eine Katze kontrolliert ein viele Hektar großes Revier, die andere begnügt sich mit einer Etagenwohnung. Die eine lebt als Einzelgänger, die andere als Mitglied einer sozialen Katzengruppe, und viele entwickeln eine enge Beziehung zu einem Menschen. Manche Wissenschaftler sprechen deshalb von der „unendlichen sozialen Vielfalt der Katze".

Seite 150–163

ALTER UND KRANKHEIT

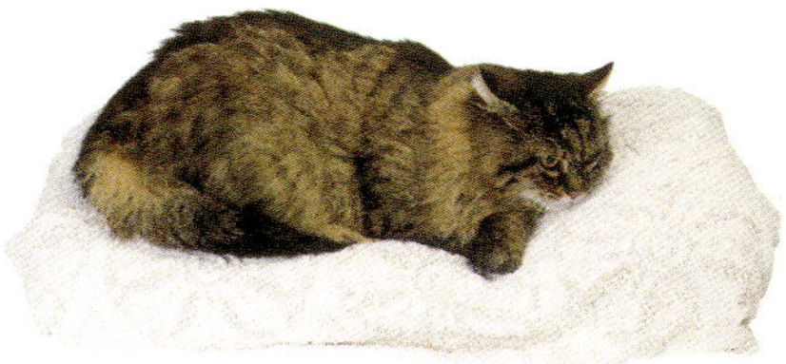

Ein Katzenleben ist nicht immer nur eitel Sonnenschein. Parasiten können zu einer ausgesprochenen Plage werden, Virusinfektionen entpuppen sich als „Katzenkiller". Eine nicht artgemäße Haltung macht Katzen krank und läßt sie häufig ernste Verhaltensstörungen entwickeln. Und wenn die Katze in die Jahre kommt, werden aus ihren anfänglichen Alterswehwehchen nicht selten schwere körperliche Gebrechen, die dem Katzenleben in Menschenobhut manchmal einen recht mühseligen Abschluß geben.

Seite 164–173

Register Seite 174–175

FASZINATION KATZE

RELIGION UND KUNST

Die Katze ist ein Wesen, das den Menschen seit jeher tief beeindruckte. Im Wandel der Zeiten hat er sie vergöttlicht, verfolgt und verwöhnt. Sie galt als Sinnbild des Guten wie des Bösen, ganz nach Bedarf. Und auch heute noch stehen viele Menschen der Katze mit etwas gemischten Gefühlen gegenüber.

Was läßt die Katze eine solche Faszination auf uns ausüben? Sind es ihre Augen, die rätselhaft und unergründlich, aber auch unwiderstehlich und anrührend sein können, in deren tiefen Blicken man sich ganz verlieren kann? Ist es die Geschmeidigkeit des eleganten Körpers, die im Licht des Tages unsere Bewunderung erregt und im Dunkel der Nacht so unheimlich wirkt in ihrer Lautlosigkeit? Sind es die zwei Naturen, die in jeder Katzenseele wohnen: die anschmiegsam-zärtliche, die die Katze zu Hause zeigt, und die unabhängige, geheimnisvolle, die erscheint, sobald sie Haus und Mensch verläßt, um zu ihren nächtlichen Streifzügen aufzubrechen. Nach den vielerlei Rollen zu urteilen, die die Katze von alters her in der Vorstellungswelt der Menschen spielte, ist die „Faszination Katze" keine Erscheinung der jüngsten Zeit. Schon unsere Vorvorfahren waren von ihr gefesselt.

Die Katze in alten Kulturen

Vor Jahrtausenden bereits, in der Hochkultur des alten Ägyptens, wurde die Katze als Gott-Tierwesen verehrt. Die Göttin Bastet, Tochter und Frau des Sonnengottes Ra, stellte man sich als wohlgestalte Frau mit einem Katzenkopf vor. Die Katze selbst hielt man als ihr Totemtier heilig. Dem Volk war das Töten einer Katze bei schwerster Strafe verboten, Priester schlachteten dagegen eigens gezüchtete Tempelkatzen als Opfergaben für die Göttin. Aber nicht nur Bastet, die Göttin der Freude und Fruchtbarkeit, wurde als Katze dargestellt, im verwirrenden Pantheon der Ägypter nahmen auch Ra selbst sowie Osiris, der Gott des Totenreichs, gelegentlich die Gestalt einer Katze an. Ihrer rätselhaft leuchtenden Augen wegen brachte man die Katze auch mit dem Mond in Verbindung und setzte sie gleich mit diesem Gestirn der Nacht, das den Liebenden leuchtet.

Die alten Germanen wußten mit der Hauskatze, die ihnen durch die römische Besatzung bekannt geworden war, lange Zeit nichts Rechtes anzufangen. Gegen die Mäuseplage hielten sie sich Wiesel und Iltisse. In der germanischen Mythologie aber hatten Katzen längst ihren festen Platz. Allerdings waren es hier Wildkatzen. Sie zogen den Wagen der Göttin Freya, der Mutter des Lebens, Göttin der fruchtbaren Liebe. Hätten ihr passendere Tiere als die zärtlich sich umwerbenden Katzen zugeordnet werden können? Freya, die weitgehend mit der römischen Liebesgöttin Venus gleichzusetzen ist, war in der germanischen Welt die wohl populärste Göttin. Im ganzen Land standen ihre Tempel, und Liebende baten sie durch Gebete und Opfergaben um ihren Segen. Ein Tag in jeder Woche war ihr geweiht und hieß entsprechend „Freyas Tag" oder Freitag. Er galt als der geeignetste Tag für eine Hochzeit. Christliche Priester brauchten lange, um dem Volk seinen alten Brauch, freitags zu heiraten, auszureden. Da Christus an einem Freitag gestorben sei, konnte dieser Tag nach ihrer Ansicht den Menschen schwerlich Glück bringen. Später, im prüden und frauenfeindlichen Mittelalter mit seiner fanatischen Religionsauffassung, sollte den Katzen ihre Verbindung mit der alten Fruchtbarkeitsgottheit noch teuer zu stehen kommen.

Die Katze und das Christentum

Eigentlich hätten sie sich vertragen müssen, kamen sie doch etwa zur selben Zeit aus ungefähr demselben Teil der Welt nach Europa und hatten hier auch beide einen recht guten Start. Die Leisepfotigen teilten die Klausen mit den ersten frommen Einsiedlern und hielten die Mäuse von deren Brot fern.
Eine bezeichnende und oft wiedergegebene Geschichte aus der Zeit des frühen Christentums, ob wahr oder Legende, sei hier kurz erzählt: Um das Jahr 600 kam ein Wandermönch nach Rom und stand vor Papst Gregor I. Um die Demut und den Gehorsam des Mönches zu prüfen, verlangte der Papst

Bastet, die ägyptische Göttin der Freude und Fruchtbarkeit, hatte in der Vorstellung der Menschen den Körper einer edlen, schlanken Katze. Katzenbildnisse aus Holz, Stein oder Bronze, von winzig klein bis überlebensgroß, waren Altarfiguren, Grabbeigaben oder symbolische Opfergaben.

von ihm: „Opfert Euer Liebstes!" Da zog der fromme Mann seine kleine Katze aus dem Ärmel seiner Kutte. Der Papst winkte lächelnd ab – und holte ebenfalls eine Katze aus dem Ärmel. Jahrhundertelang genoß die Katze im christlichen Europa uneingeschränktes Ansehen. Vor allem die einfachen Leute sahen in dem „M" auf der Stirn vieler getigerter Katzen das Siegel der Mutter Maria. In den Klöstern einiger Nonnenorden war die Katze das einzig erlaubte Haustier. In frommen Darstellungen wurde der Jungfrau Maria immer wieder auch ein Kätzchen beigegeben.

Im frühen Mittelalter wendete sich dann das Blatt zu Ungunsten der Katze. Religiöser Fanatismus, Weltuntergangsglaube, Sinnes- und Frauenfeindlichkeit bestimmten das Denken der geistlichen und weltlichen Herren. Das kirchliche Machtstreben richtete sich in erster Linie gegen alle Überreste heidnischen Volksglaubens. Man suchte ein Feindbild und fand es in der geheimnisvollen, eigenwilligen, nicht zu unterwerfenden Katze. Bewies sie nicht durch die lustvolle Betonung ihrer Sexualität zur Genüge ihre Verderbtheit? Die Kirche erklärte sie kurzerhand zum Teufelstier, und von nun an blies ihr der eiskalte Wind der Verfolgung entgegen. Zu Tausenden wurden sie auf den Scheiterhaufen verbrannt, allein oder zusammen mit den der Hexerei angeklagten Frauen.

Die Katze im Aberglauben der Jahrhunderte

In einer Zeit, in der der Aberglaube landauf, landab seltsame Blüten trieb und weitgehend das Lebensbild der europäischen Menschen bestimmte, konnte sich die Katze vor übler Nachrede kaum noch retten. Vor allem in schwarzen Katzen sah man die Mächte der Finsternis, und man begegnete ihnen mit entsprechender Furcht. (Für abergläubische Menschen gilt ja noch heute: Schwarze Katze über den Weg bringt Unglück!)

In einigen ursprünglich keltischen Gegenden Europas haben vor allem Maikätzchen bis heute einen ziemlich schlechten Ruf. Man solle sie niemals großziehen, so heißt es, sie würden lästige, ungezogene Katzen und brächten Schlangen und Unglück ins Haus. Der Ursprung dieses merkwürdigen Volksglaubens liegt weit zurück, in der keltischen Mythologie. Der 1. Mai war Bile, dem Gott des Todes, gewidmet, und überhaupt galt der Mai den keltischen Menschen als unheilvoller Monat. Was Wunder, daß ein Tier, das so sehr mit den unsichtbaren Welten in Zusammenhang gebracht wurde wie die Katze, eine abergläubische Furcht auslöste, wenn es noch dazu ausgerechnet im Mai geboren wurde.

Trotz jahrhundertelanger Verteufelung durch die Kirche war aber die Einstellung der Menschen zur Katze zu keiner Zeit frei von Widersprüchlichkeiten. Schließlich schätzte man sie durchaus, vor allem auf dem Land, als

eifrige Mäuse- und Rattenfängerin. In dieser Funktion stand sie auch bei den Seeleuten hoch im Kurs. Kein Schiff ohne eine Schiffskatze, das brächte Unglück! Ging eine Schiffskatze auf hoher See versehentlich über Bord, bedeutete dies, daß das Schiff unweigerlich zum Sinken verurteilt war.

Katzen wurden in die Fundamente von Häusern und Dämmen eingemauert (meist bei lebendigem Leib), um böse Geister abzuhalten und damit Unglück von den Bauwerken abzuwenden. Noch bis vor kurzem war es in manchen Gegenden Sitte, in ein neuerbautes Haus eine Katze, am besten eine schwarze, hineinzuschicken, bevor die Bewohner zum ersten Mal das Haus betraten.

Schwarze Katze über den Weg! Auch noch in unserer „aufgeklärten" Zeit löst dieser Anblick bei abergläubischen Menschen einiges Unbehagen aus.

Seit dem Mittelalter wurde die Katze von Kirche und Volk mit Hexen und Hexerei in Verbindung gebracht. Zahllose künstlerische Darstellungen, auch aus späterer Zeit, belegen dies. Kein Wunder, daß umgekehrt die bloße Gesellschaft einer Katze so manche Frau in den Augen der Mitmenschen zur Hexe stempelte.

Links eine Farblithographie von Hans Thoma, „Die Hexe" (1870), rechts ein Holzstich von Hermann Vogel, „Die Waldhexe" (um 1890).

Die Katze sollte alle bösen Geister, die möglicherweise diesen Ort bewohnten, auf sich ziehen, damit diese die Menschen und das Vieh verschonten. In einigen Ländern sagt man, eine schwarze Katze bringe demjenigen Glück, dessen Weg sie kreuzt. Aber wehe ihm, sie verweilt auf diesem Weg oder setzt sich gar vor ihn hin! Das bedeutet schlimmstes Unglück! In der Normandie sah man speziell in einer dreifarbigen Katze, die auf einen Baum klettert, ein sicheres Zeichen für einen nahe bevorstehenden Unglücksfall. Eine Katze, die am Hochzeitstag vor den Augen der Braut nieste, galt dagegen als gutes Omen für die Ehe. Glück oder Unglück, ganz wie man es gerade brauchte, wurde mit der Katze in Verbindung gebracht. Die Katze war Sündenbock für alles mögliche und mußte als Opfertier für die Beschwichtigung von Göttern und Geistern herhalten. Obwohl mit ausklingendem Mittelalter der Katzenwahnsinn größtenteils ein Ende nahm, blieb doch so manches Relikt davon in den Köpfen abergläubischer Menschen bis heute haften.

In der europäischen Gesellschaft des 17. und 18. Jahrhunderts brachte der Geist der Aufklärung eine weitgehende Rehabilitierung der Katze mit sich. Sie schlich sich auf leisen Pfoten in die Häuser der Menschen zurück und machte sich schnurrend in den Salons und Boudoirs breit.

Die literarische Katze

Trotz der zeitweise heftigen Verfolgung hatte die Katze in europäischen Volksmärchen und Legenden die Jahrhunderte überstanden. Doch konnte sie sich den Menschen nützlich machen, wie sie wollte, in den meisten Märchen aus alten Zeiten wurde ihr ein übler Charakter zugeschrieben. Auch in La Fontaines berühmten Fabeln aus dem 17. Jahrhundert verkörpert die Katze stets das Böse. Ein Zeitgenosse La Fontaines, Charles Perrault, jedoch verhalf mit seiner Geschichte vom „Gestiefelten Kater" den Katzen wieder zu Ruhm und Ehren. (In Deutschland erschien „Das Märchen vom Gestiefelten Kater" später in der Märchensammlung der Gebrüder Grimm.) Ein schlauer Kater überredet darin einen bösen Zauberer, sich in eine Maus zu verwandeln, die er dann nach Katzenart auffrißt. Mit dieser bemerkenswerten Tat gewinnt er nicht nur ein Vermögen sowie seinem Herrn eine Prinzessin zur Braut, er machte damit auch das Katzengeschlecht literaturfähig.

Zu Beginn des 19. Jahrhunderts begannen berühmte Schriftsteller wie Victor Hugo, Honoré de Balzac oder Charles Baudelaire, Erzählungen über ihre Katzen niederzuschreiben. E.T.A. Hoffmann schuf mit seinem „Kater Murr" eine epische Charakterkatze, die in die Weltliteratur einging. Murr, ein stattlicher Katzenbursch, der studiert hat und als Schriftsteller und Dichter seine Memoiren niederschreibt, nimmt bei der Beschreibung der Menschen

Seit der gestiefelte Kater im 17. Jahrhundert das literarische Licht der Welt erblickte, lebt er in den Kinderherzen als mutiger und schlauer Märchenheld fort.

Kultoper und Kassenmagnet, das ist das Musical „Cats". Andrew Lloyd Webber gelang es mit seiner mitreißenden Musik, die Londoner Straßenkatzen in die Herzen der Katzenliebhaber in aller Welt tanzen zu lassen.

Der Schriftsteller Erich Kästner, bekannt als Kinderbuchautor, aber auch als Verfasser beißender Satire und treffsicherer Gesellschaftskritik, war ein großer Katzenfreund. Sie waren seine Musen, und er teilte sein Münchener Haus gleich mit vier von ihnen.

Kater Garfield, „frech, fett, faul & filosofisch", kam aus dem fernen Amerika zu uns und eroberte mit Schlafzimmerblick und Unverfrorenheit die Herzen der jungen Generation im Sturm.

und des Allzumenschlichen kein Blatt vor den Mund. Hoffmann erweist sich in dieser satirischen Dichtung als genauer Katzenkenner mit großem Einfühlungsvermögen in die Natur und Wesensart der Katzen, zu einer Zeit, in welcher der Zoologie das Fachgebiet Verhaltensforschung noch völlig fremd war.

Dichter und Schriftsteller hatten die „Faszination Katze" für sich entdeckt und brachten sie zu Papier. Und sie hatten Erfolg damit bei ihren Lesern. Das hat sich bis zum heutigen Tag nicht geändert, im Gegenteil. Die zeitgenössische Katzenliteratur ist umfangreich und vielfältig wie nie zuvor. Größtenteils wird darin die Natur der Katzen anerkannt und ihr Wesen möglichst realistisch geschildert. Man hat erkannt, daß man keine phantastischen Figuren aus den Katzen zu machen braucht, um sie interessant zu gestalten. Schließlich sind sie faszinierend genug, so, wie sie sind.

Katzen in der bildenden Kunst

Seit Jahrhunderten haben Künstler Katzen dargestellt. Gezeichnet, gemalt oder modelliert, grimmig oder freundlich, allein oder auf dem Schoß eines Menschen bevölkern sie die Galerien in aller Welt. In der traditionellen japanischen Kunst waren sie stets ein beliebtes Motiv. Leonardo da Vinci, Brueghel, Dürer und Goya stellten sie in ihren Werken dar. Etwa ab der 2. Hälfte des 18. Jahrhunderts avancierte die Katze auf den Gemälden europäischer Künstler – und nicht nur auf den Gemälden – zum Spielzeug für die Damen. Auf unzähligen Portraits wurde sie zum schmeichelnden Accessoire, passend zum tief dekolletierten Kleid. Mit kokettem Blick zausen die Damen dem Kätzchen auf ihrem Schoß zärtlich tändelnd das Fell. Im darauffolgenden Jahrhundert wurde der erotische Anklang der Darstellungen deutlicher, die Posen der Frauen freizügiger. Die Katze blieb bei ihnen. Sie hatte ihre Verbindung zu Venus und Freya wieder aufgenommen.

ABSTAMMUNG UND TIERART

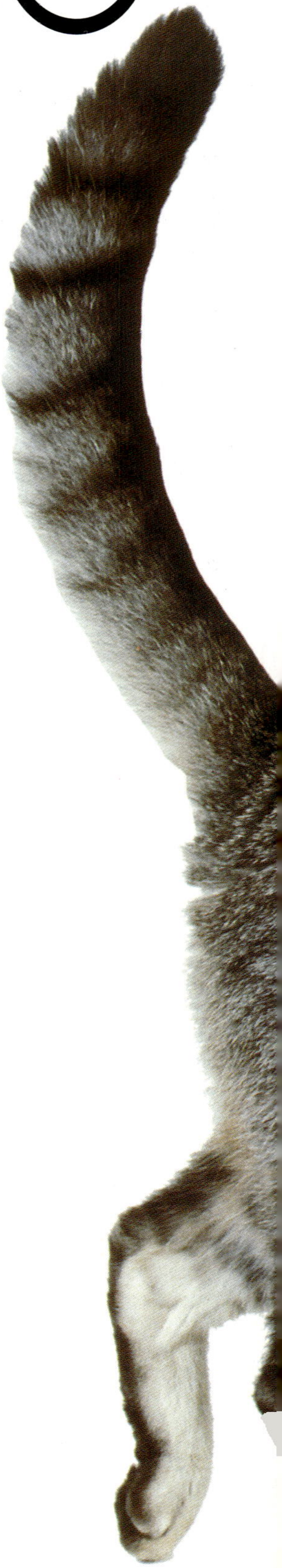

In einer 40 Millionen Jahre dauernden Entwicklung wurde aus ersten katzenähnlichen Urraubtieren die Familie der Katzen, wie wir sie heute kennen: perfekte Jäger mit scharfen Sinnen und einem geschmeidigen Körper, der an Vielseitigkeit und Geschicklichkeit kaum zu überbieten ist.

Von Kindesbeinen an kennen wir Katzen. Und doch – kennen wir sie wirklich? Was wissen wir schon über das kleine Tier mit den sanften Pfoten und zugleich scharfen Krallen, das sich seit Jahrhunderten in unseren Häusern breitmacht? Woher kommt es, und wer sind seine Verwandten? Wie funktioniert sein perfekter Körper, den wir ob seiner Eleganz bewundern? Wie scharf sind die Sinne der Katze, von denen schier Unglaubliches berichtet wird, tatsächlich?

Eine Menge Fragen sind noch offen, auch heute noch, nachdem sich Forscher längst mit ausgeklügelten wissenschaftlichen Methoden an die Katze herangemacht haben. (Paßt es nicht irgendwie zum Charakter der Katze, daß sie nicht alle ihre Geheimnisse preisgibt?) Und dennoch ist das, was wir heute über sie wissen, wirklich schon erstaunlich genug!

Die Stellung der Katze im Tierreich

Wir sind es gewohnt, die Tiere nach ihren Körperformen zu gewissen Gruppen zu ordnen. Es gibt Würmer, Schmetterlinge, Fische, Mäuse und viele mehr. Der Zoologe nimmt das Einordnen noch viel genauer: Jede Tierart hat ihren festen Platz im Mosaikbild des Lebendigen. Weitere und engere Verwandte werden zu Gruppen zusammengefaßt. Die dem ganzen System zugrundeliegende Ordnung führt stets vom Einfachen zum Höherentwickelten. Unsere Katze gehört der höchstentwickelten Tiergruppe, der Klasse der Säugetiere, an. Innerhalb derer zählt sie zu den Raubtieren (den *Carnivoren,* wie diese Tierordnung in der

Wissenschaft genannt wird, das bedeutet wörtlich übersetzt „Fleischfresser"), genauer noch zur Unterordnung der Landraubtiere. In dieser Gruppe befindet sich die Katze in der Gesellschaft von Mardern und Bären, Hunden, Schleichkatzen und Hyänen. (Nur der Vollständigkeit halber sei erwähnt: Die zweite Unterordnung der Raubtiere sind die sogenannten Flossenfüßer, die Ohrenrobben, Walrosse und Seehunde.) Von allen Landraubtieren aber sind zweifellos die Katzen am weitesten entwickelt. Dank ihrer körperlichen Fähigkeiten, der Schärfe ihrer Sinne und ihrer Reaktionsschnelligkeit und Anpassungsfähigkeit sind sie die perfekten Jäger.

Die Abstammung der Katzen

Anhand zahlloser Fossilienfunde läßt sich die Ahnenreihe der heutigen Katzen und aller übrigen Landraubtiere bis zur Familie der *Miaciden* zurückverfolgen. Das waren wiesel- bis wolfsgroße Waldbewohner, die im frühen Tertiärzeitalter, vor 60–35 Millionen Jahren, ihre Blütezeit hatten. Von Nordamerika aus breiteten sie sich über die damalige Landverbindung der Beringstraße auch in ganz Eurasien aus. Im Laufe der (Jahrmillionen dauernden) Zeit entwickelten sich daraus nach und nach die heutigen Raubtierfamilien. Die *Miaciden* selbst starben dagegen allmählich aus. Die ersten katzenartigen Tiere tauchten im Eozän, vor gut 40 Millionen Jahren, auf. Verglichen mit anderen Tiergruppen entwickelten sie sich mit Höchstgeschwindigkeit weiter. Bereits im darauffolgenden Erdzeitalter, dem Oligozän, sahen sie im Körperbau den heutigen Katzen schon ziemlich ähnlich.

Eine Besonderheit im Stammbaum der Katzen ist erwähnenswert: die sogenannten Säbelzahnkatzen. Die Eckzähne des Oberkiefers waren bei diesen Tieren, die sich in verschiedenen Erdteilen mehrfach und unabhängig voneinander entwickelt hatten, zu dolchähnlichen Hauern verlängert, während die Unterkiefer-Eckzähne winzig klein blieben oder ganz fehlten. Am bekanntesten sind wohl die löwengroßen „Säbelzahntiger" der Gattung *Smilodon*, die während der jüngsten Eiszeit in Amerika lebten. Sie konnten das Maul enorm weit aufreißen und setzten beim Beutefang ihre gewaltigen Eckzähne wahrscheinlich als tödliche Stichwaffen ein. Sie waren spezialisiert auf das Jagen von Säugetieren, die viel größer waren als sie selbst. Aus bisher ungeklärten Gründen starben die Säbelzahnkatzen während des Pleistozäns (vor 1,8–1 Million Jahren) fast vollständig aus, merkwürdi-

Unser „Stubentiger", wie er leibt und lebt! Auch „Teppichtiger", „Sofalöwe" oder „Parkettpanther" werden Hauskatzen gern genannt. Ihre Verwandtschaft mit den großen Raubkatzen ist den Menschen offenbar stets gegenwärtig.

gerweise in Amerika und Eurasien ziemlich gleichzeitig. Nur vereinzelt hat man jüngere Überreste von ihnen gefunden. In Kalifornien zum Beispiel haben Säbelzahnkatzen möglicherweise noch vor 13 000 Jahren gelebt. Während also die Säbelzahnkatzen im Laufe der Jahrmillionen entstanden und auch wieder ausstarben, entwickelten sich die „normalen" Katzen immer weiter. Sie waren, das beweist die Geschichte, im Überlebenskampf die erfolgreicheren: Schließlich konnten sie nicht nur bis auf den heutigen Tag überleben, sondern eroberten dabei auch noch eine Vielzahl verschiedener Lebensräume.

Auf zwei Kontinenten allerdings, in Australien und in der Antarktis, lebten nie einheimische Katzen. Und Südamerika besiedelten sie erst vor verhältnismäßig kurzer Zeit, vor etwa 2 Millionen Jahren. Das hängt mit der erdgeschichtlichen Kontinentalverschiebung zusammen. Bis zum Erdmittelalter war die Landmasse auf der Südhalbkugel zu einem einzigen Riesenkontinent zusammengeschlossen. Vor rund 180 Millionen Jahren, also lange bevor sich die Katzenfamilie entwickelt hatte, spaltete sich dieser durch Bewegungen der Erdkruste in mehrere Teile auf, die als Afrika, Vorderindien, Südamerika, Australien und Antarktika allmählich auseinanderdrifteten. Afrika und Vorderindien fanden irgendwann Anschluß an die eurasische Landmasse – und wurden prompt von den damaligen Katzenarten besiedelt. Vor 2 Millionen Jahren vereinigte sich schließlich als vorläufig letztes Bruchstück Süd- mit Nordamerika zum heutigen Doppelkontinent, und schon machten sich die Katzen auf den Weg, auch diesen Erdteil zu erobern. Nur Australien und das antarktische Festland blieben bis heute isolierte Kontinente. Die Katzensippschaft hatte dort solange keinen Zugang, bis die moderne Hauskatze mit den Schiffen des Menschen anlandete.

Die wilde Verwandtschaft unserer Hauskatze

Während die verwandtschaftlichen Beziehungen der

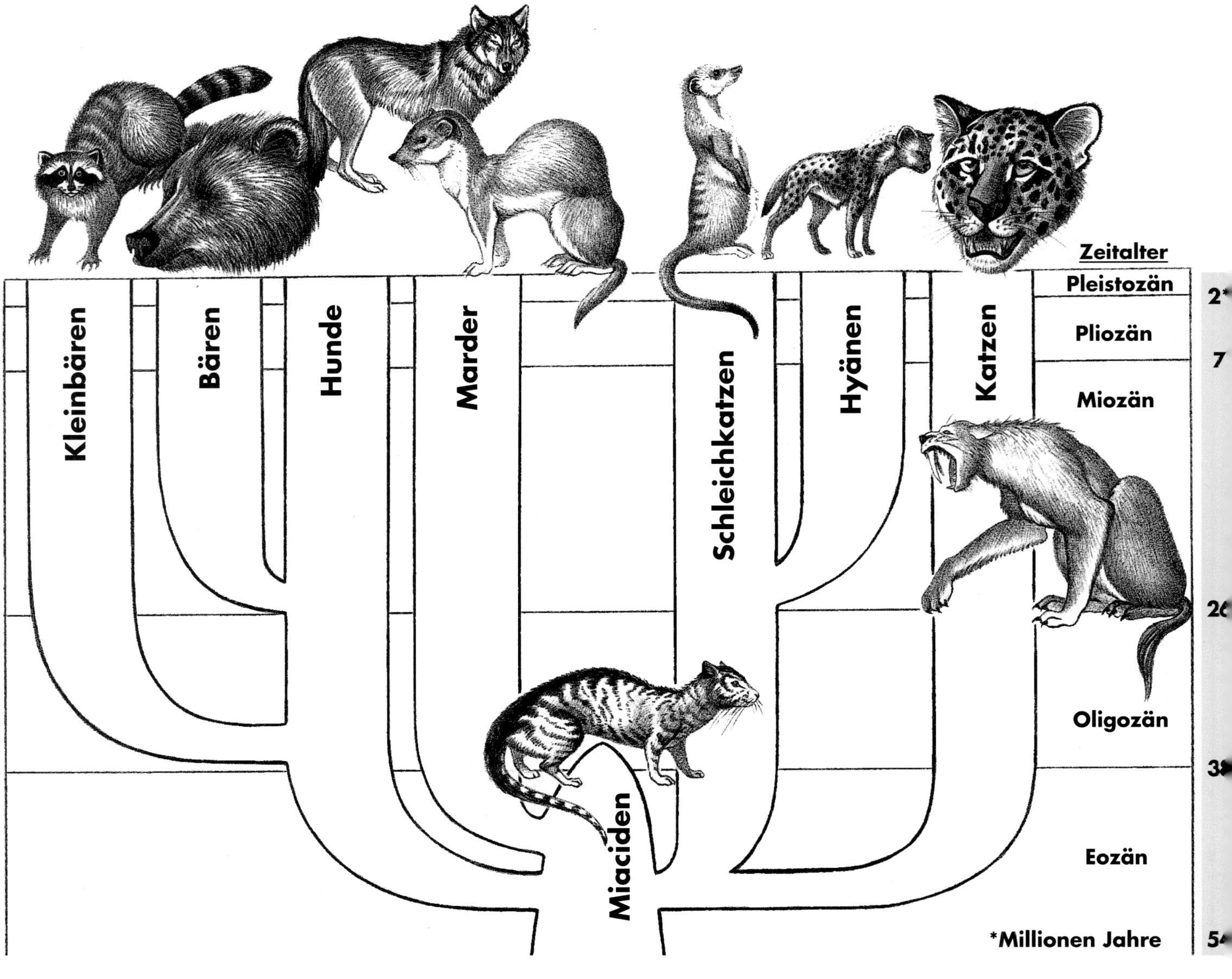

Katzen zu den übrigen Raubtierfamilien heute einigermaßen geklärt scheinen, gehen die Meinungen der Zoologen über die Verhältnisse innerhalb der Katzenfamilie weiter denn je auseinander. Jede neue Erkenntnis über ein anatomisches Detail oder die Abstammung einer Katzenart führt umgehend zu einer Umgruppierung, Umstrukturierung, Umordnung der Katzensystematik. Und weil das Wissen über die wildlebenden Katzen unserer Erde insgesamt noch so lückenhaft ist, steht zu befürchten, daß ihre Systematik noch lange ein umstrittener Punkt in der Säugetierforschung bleiben wird. Tatsache ist, daß es heute in den Ländern der Alten und Neuen Welt mehrere Dutzend verschiedener Katzenarten gibt. (Einige Zoologen zählen 41 Arten, andere fassen sie zu 38 oder gar 35 Arten zusammen.) Alle Katzenarten sehen sich im Körperbau so ähnlich, daß es auch einem Laien nicht schwerfällt, sie zweifelsfrei als Mitglieder der Katzenfamilie zu erken-

Im Lauf von Jahrmillionen haben sich aus der Familie der *Miaciden* die heutigen Landraubtiere, darunter die Katzen, entwickelt.

Oben links: Der Luchs *(Lynx lynx)* war früher über fast ganz Europa verbreitet, heute ist er bei uns vom Aussterben bedroht. Trotz seiner stattlichen Größe zählt er zu den Kleinkatzen.

Unten links: Seines lebhaft gezeichneten Fells wegen, das in der Modewelt lange Zeit hochbegehrt war, wurde der Ozelot *(Leopardus pardalis)* heftig verfolgt. Heute ist er in großen Gebieten seiner Heimat, den Wäldern Mittel- und Südamerikas, in seinem Bestand gefährdet.

Oben rechts: Der Gepard *(Acinonyx jubatus)* hält eine Außenseiterstellung in der Katzenfamilie. Er kann seine Krallen nicht einziehen und erinnert auch sonst in seinem Körperbau eher an einen hochbeinigen Hund. Mit Sprintgeschwindigkeiten von bis zu 120 Stundenkilometern gilt er als das schnellste Säugetier der Welt.

Unten rechts: Die Wildkatze, genauer gesagt die Europäische Waldwildkatze *(Felis silvestris silvestris)*, sieht einer „gewöhnlichen" getigerten Hauskatze zwar sehr ähnlich, ist aber nicht die Stammform unserer Hauskatzen.

nen. Die augenfälligsten Unterschiede zwischen den Arten liegen in der Körpergröße sowie in der Färbung oder Musterung des Fells.

Groß- und Kleinkatzen

Gemeinhin unterscheidet man aufgrund einiger anatomischer Merkmale und Körperhaltungen die Großkatzen Löwe, Tiger, Leopard und Jaguar von den übrigen Katzenarten, die als Kleinkatzen bezeichnet werden.
Eines der Unterscheidungsmerkmale ist die Ausbildung des Zungenbeins, einer dünnen Knochenspange, die als Aufhängevorrichtung für die Zunge und als Stützgerüst für den Kehlkopf dient. Bei den Großkatzen besteht ein Abschnitt dieses Zungenbeins anstatt aus Knochen aus einem elastischen, knorpeligen Band. Das ermöglicht es ihnen, lautstark zu brüllen. Bei den Kleinkatzen dagegen ist das Zungenbein vollständig verknöchert. Darum können diese nicht brüllen, dafür aber beim Ein- und Ausatmen schnurren. Ein weiterer Unterschied besteht in der Form der Pupillen. Bei den meisten Kleinkatzen verengen sie sich in hellem Licht schlitzförmig, wie wir es von unserer Hauskatze kennen. Bei den Großkatzen bleiben sie rund, wenn sie sich zusammenziehen. Allerdings gibt es in diesem Punkt Ausnahmen und Übergangsformen. Auch die Körperhaltung ist kein zuverlässiges Unterscheidungskriterium. Typischerweise schlagen Kleinkatzen in Ruhehaltung ihre Vorderpfoten unter die Brust ein und ringeln den Schwanz graziös um den Körper. Großkatzen liegen beim Ruhen mit ausgestreckten Vorderpfoten und gerade nach hinten gerichtetem Schwanz da. Letztere pflegen auch im Liegen zu fressen, während Kleinkatzen sich gewöhnlich dazu in die Hocke kauern. Die Katzen machen es uns wahrlich nicht einfach, eine plausible Ordnung in ihre Verwandtschaftsverhältnisse zu bringen. Der scheue Schneeleopard aus dem Himalaja zum Beispiel wird zwar meist zu den Großkatzen gerechnet, kann aber nicht brüllen und frißt in geduckter Haltung wie eine Kleinkatze. Auch der südostasiatische Nebelparder kann mit Merkmalen von Groß- wie von Kleinkatzen aufwarten und stellt wohl ein Bindeglied zwischen den beiden Gruppen dar. Andererseits müssen es sich so stattliche Katzen wie der Luchs oder Puma gefallen lassen, gemäß den oben genannten Kriterien als Kleinkatzen bezeichnet zu werden.

Sonderfall Gepard

Eine wirkliche Sonderstellung in der Katzenfamilie hat der Gepard. Die Zoologen haben ihm daher neben den Echten Katzen den Rang einer eigenen Unterfamilie zugebilligt. Er kann seine Krallen nicht einziehen, so daß sie beim Laufen den Boden berühren wie bei einem Hund und entsprechend stumpfgeschliffen sind. Außerdem scheint der Gepard die einzige Katze zu sein, die kein festes Wohnrevier besetzt und verteidigt.

Die Katze, Säugetier in Perfektion

1881 schrieb der englische Zoologe George Mivart, die Katze sei „die Blüte und der Gipfel des Stammbaums der Säugetiere". Mag eine derartige Einschätzung aus heutiger wissenschaftlicher Sicht auch eine recht haltlose Behauptung sein, spiegelt sie doch die Bewunderung wider, die die meisten Menschen angesichts der geschmeidigen Bewegungen und vollendeten Körperbeherrschung einer Katze empfinden.

In einem aber sind Katzen zweifellos unübertroffen: in der Vielseitigkeit ihrer körperlichen Fähigkeiten. Sie beherrschen meisterlich nicht nur die Disziplinen Springen, Klettern, Balancieren, Schleichen und Sprinten, sondern auch akrobatische Körperverrenkung, Sich-schmal-Machen, blitzschnelles Reagieren und Zeitlupenbewegung. Das perfekte Zusammenspiel zwischen dem hochentwikkelten Nervensystem und der leistungsfähigen Muskulatur macht die Katze zur Jägerin par excellence. Sehen wir uns einmal den Körper einer Katze etwas genauer an. Die „gewöhnliche", allen vertraute Hauskatze mag uns dafür als Anschauungsobjekt dienen.

Skelett und Bewegungssystem

Das Gerüst des Katzenkörpers bildet das Skelett. Es besteht aus gut 240 einzelnen Knochen und entspricht in seinem Grundaufbau dem aller Wirbeltiere: An einem Ende der zentralen Wirbelsäule sitzt der Schädel, das andere Ende läuft zu einem Schwanz aus (der bei der Katze aus bis zu 26 Wirbeln besteht). Über den Schulter- und Beckengürtel sind vier Gliedmaßen mit der Wirbelsäule verbunden. Die meisten Knochen sind durch Knorpel und Gelenke miteinander verbunden. Das gewährleistet die Beweglichkeit des Körpers. Mehr als 500 große und kleine Muskeln sorgen im Katzenkörper für die Ausführung der Bewegungen. Sie stehen über Nervenbahnen mit dem Gehirn in Verbindung. In diesem laufen auch die Nervensignale zusammen, die von den verschiedenen Sinnesorganen stammen. Das hochentwickelte Gehirn der Katze reagiert blitzschnell. Es analysiert, vergleicht, verrechnet und bewertet die Sinneseindrücke, um sogleich Order an die Muskeln zu geben, sich in sinnvoller und koordi-

Oben: Genau wie unsere Hauskatzen frönen auch Löwen *(Panthera leo)* am liebsten den ganzen Tag ihrer Leidenschaft, dem Schlafen. In der Wildnis vertreibt schließlich der Hunger den Schlaf, und es geht zur Jagd. Im Zoo jedoch können sie nach Herzenslust dösen und werden doch jeden Tag satt.

Mitte: Ein Bindeglied zwischen Klein- und Großkatzen stellt der südasiatische Nebelparder *(Neofelis nebulosa)* dar. Im Körperbau wie in seinen Verhaltensweisen vereinigt er Merkmale beider Katzengruppen in sich.

Unten: Auch der Schneeleopard oder Irbis *(Uncia uncia)* läßt sich trotz seiner beachtlichen Größe nicht ganz zweifelsfrei den Großkatzen zuordnen. Er brüllt zum Beispiel nicht, sondern schnurrt wie eine Kleinkatze.

Der Tiger *(Panthera tigris)* gehört ohne jeden Zweifel zu den Großkatzen. Mit seiner sibirischen Unterart ist er sogar die größte aller Katzen überhaupt. Seine markante Streifenzeichnung sticht uns nur aus der Nähe so ins Auge, im Gebüsch oder hohen Gras der freien Wildbahn ist die Streifung ein hervorragendes Tarnmuster.

nierter Weise zusammenzuziehen oder zu entspannen. Katzen sind Zehengänger. Das bedeutet, sie treten nicht wie wir mit den ganzen Fußsohlen auf, sondern nur mit den Zehen. Vor allem an den Hinterbeinen ist die Ferse deutlich zu sehen als ein nach rückwärts gerichtetes „Knie". Das tatsächliche Knie liegt etwa auf Höhe des unteren Bauchrands. Am Vorderfuß haben Katzen fünf Zehen, wobei der Daumen aber so stark verkürzt ist, daß er den Boden nicht mehr berührt. Die Hinterbeine tragen nur vier Zehen, hier hat sich der Daumen gänzlich rückgebildet. Dicke Sohlenpolster verteilen das Körpergewicht gleichmäßig auf die ganzen Zehenballen. Daher können Katzen so leise gehen.

Die beiden Schlüsselbeine, die bei uns Menschen und den meisten Säugetieren die Schulterblätter mit dem Brustbein verbinden, sind bei den Katzen zu winzigen, funktionslosen Knöchelchen rückgebildet. Das bedeutet, daß die Vorderbeine keine feste Knochenverbindung mit dem Rumpfskelett haben, sondern nur durch starke Muskeln und Sehnen gehalten werden. Dadurch ist die Katze besser in der Lage, aus großer Höhe federnd aufzuspringen.

Oben: Bei der Jagd auf so flinke und wachsame Beutetiere wie Mäuse oder Vögel kommt der Katze ihre beachtliche Sprungkraft sehr zugute. Sie kann immerhin fünfmal so hoch springen, wie sie selbst groß ist – und das sogar aus dem Stand heraus.

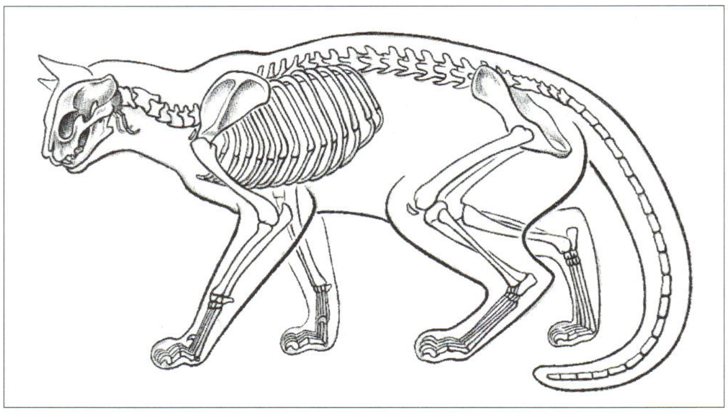

Mitte: Das Skelett einer Katze besteht aus etwas mehr als 240 einzelnen Knochen und Knöchelchen. Die Anatomie der Extremitäten weist die Katze als sogenannten Zehengänger aus.

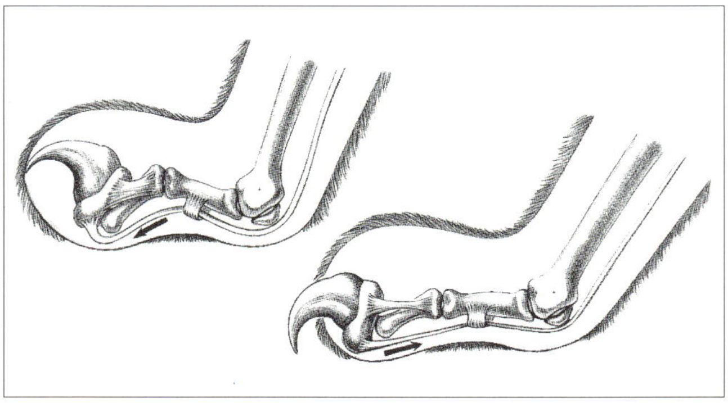

Unten: Durch Anspannen und Lockerlassen einer Sehne (Pfeil!) kann die Katze ihre Krallen blitzschnell ausfahren oder sie in Hauttaschen zwischen den vorderen Zehengliedern zurückgezogen tragen.

Außerdem gestattet es eine freie Bewegung der Schulterblätter und Vorderbeine, auch zu den Seiten hin. Beim Klettern ist das ein unschätzbarer Vorteil, denn die Katze kann einen Baumstamm regelrecht „umarmen". In Verbindung mit dem schmalen Brustkorb erlaubt diese Beinbeweglichkeit der Katze, ihre Pfoten ganz dicht beieinander bzw. in einer Linie voreinander aufzusetzen, etwa beim Manövrieren auf engstem Raum oder beim Balancieren auf Ästen oder Balken.

Katze mit Haut und Haar

Wie ein leger geschnittener Pullover umgibt die Haut recht locker den Körper der Katze. Sie ist äußerst beweglich und verschiebbar. Das erweist sich vor allem bei handgreiflichen (genauer gesagt: pfoten- oder zähnegreiflichen) Auseinandersetzungen mit Rivalen oder sich wehrenden Beutetieren als unschätzbarer Vorteil. Verletzungen bleiben dadurch meist oberflächlich und auf die Haut beschränkt. Die Haut ist von einem engen Netz aus Muskeln, Blutgefäßen und Nerven durchzogen. Zahlreiche Sinneszellen registrieren äußerst feinfühlig jede Berührung, aber auch Wärme oder Kälte. Nicht zuletzt sitzen auch Millionen von Fellhaaren in der Haut.

Vor allem das Fell hat für die Katze eine immens wichtige Schutzfunktion. Es schützt vor Kälte ebenso wie vor Hautverletzungen, Sonnenbrand oder zu großer Wärme. Winzige Muskeln, die jeweils an der Basis der Haare in der Haut sitzen, können die Haare aufstellen. Dadurch wird die Fellschicht dicker, ihre isolierende Wirkung nimmt zu. Zugleich erscheint der Katzenkörper nun größer und imposanter, ein Effekt, den eine aggressive oder verängstigte Katze erreichen will, wenn sie das Fell sträubt, um einen Gegner einzuschüchtern.

In der Haut finden sich auch zahlreiche Talgdrüsen, die mit den Haarwurzeln in Verbindung stehen. Sie produzieren eine fettige Substanz, die beim Putzlecken über das Fell verteilt wird und ihm seinen seidigen Glanz verleiht. Zugleich werden Haut und Haare so wirksam imprägniert, daß die Katze bei Regenwetter kaum jemals bis auf die Haut durchnäßt wird. Außerdem sind im Sekret der Talgdrüsen kleinste Mengen Cholesterol enthalten, das durch Sonnenlicht in Vitamin D umgewandelt wird. Bei der täglichen Fellpflege nimmt die Katze dieses lebenswichtige Vitamin mit der Zunge auf. Es wird oft behauptet, Katzen hätten keine Schweißdrüsen und könnten daher nicht schwitzen. Das stimmt nicht ganz. Zwar sind die Schweißdrüsen in der Haut unterm Fell verkümmert, aber zwischen den Zehenballen, an den Lippen und am Kinnwinkel sitzen gut ausgebildete Schweißdrüsen. Der dort produzierte Schweiß ist allerdings viel zu wenig, um eine merkliche Abkühlung

Die Varianten der Fellfärbung und -zeichnung sind bei unseren Hauskatzen ausgesprochen vielfältig. Vielerorts gelten dreifarbig-gescheckte Katzen als Glücksbringer.

des erhitzten Körpers zu bewirken. Diese Funktion übernimmt hauptsächlich der beim Putzen auf dem Fell verteilte Speichel (siehe das Kapitel Sauberkeit und Körperpflege).

Das Fell der Katze besteht aus verschiedenen Haartypen unterschiedlicher Länge. Die besonders langen Leithaare und die etwas kürzeren Grannenhaare bilden zusammen das Oberfell, die dünnen und vielfach gekräuselten Wollhaare das dichte, weiche Unterfell. Vor allem die Unterwolle trägt zur Wärmeisolierung bei. Im Vergleich zu reinen Wohnungskatzen haben freilebende Katzen ein viel dichteres Unterfell, das in der kalten Jahreszeit noch stärker ausgeprägt ist als im Sommer.

An der Basis der Haare sitzen farbstoffproduzierende Zellen, die ständig mikroskopisch kleine Pigmentkörnchen liefern. Diese werden in den Haarschaft eingelagert, während das Haar wächst. Dabei wird die ganze Palette der möglichen Fellfarben und -muster aus zwei Arten des Farbstoffs Melanin gemischt, dem schwarzen Eumelanin und dem orangebraunen Phaeomelanin, die in unterschiedlichen Konzentrationen und Mischungsverhältnissen im Haar vorliegen. Ein Haar ganz ohne Farbstoff erscheint weiß.

Besonders spezialisierte Haare sind die extra langen, steifen und doch biegsamen Tasthaare, in der Fachsprache auch *Vibrissen* genannt. Weil diejenigen an der Oberlippe der Katze besonders auffällig sind, werden die Tasthaare in Anlehnung an den Schnurrbart bei Männern oft auch Schnurrhaare genannt. Doch ist das eine denkbar unpassende Bezeichnung, denn weder besteht die männliche Bartzier aus Tasthaaren, noch haben die „Schnurrhaare" bei der Katze irgendeine Funktion beim Schnurren. Vielmehr sind die Tasthaare äußerst sensible Sinnesorgane, die auf die leiseste Berührung ansprechen. Außer an der Oberlippe finden sie sich bei der Katze auch noch an den Wangen, über den Augen, am Kinn und an der Rückseite der Vorderbeine.

Es mag erstaunen, die Krallen an dieser Stelle, im Zusammenhang mit der Haut, erwähnt zu finden. Es sind jedoch hornige Strukturen, die von der Oberhaut gebildet werden wie zum Beispiel auch ein Pferdehuf oder unsere Fingernägel. Ein kennzeichnendes Merkmal für die Katzen ist es, ihre Krallen bei Bedarf durch Anspannen spezieller Muskeln blitzschnell ausfahren zu können,

Dank ihrer scharfen Krallen sind Katzen exzellente Kletterkünstler. Von klein auf lernen und üben sie es, einen Baumstamm hinaufzuklettern. Abwärts sieht es dann nicht mehr ganz so elegant aus: Sie können nicht mit dem Kopf voran hinunterklettern, sondern steigen rückwärts Schritt für Schritt wieder ab.

während in Ruhehaltung ein raffinierter Sehnenmechanismus sie in Krallenscheiden zurückzieht. Dadurch berühren die Krallen beim normalen Laufen den Boden nicht und werden so nicht stumpfgeschliffen. Vor allem die nadelspitzen Krallen der Vorderpfoten sind nicht nur sehr wirkungsvolle Waffen bei Auseinandersetzungen, sondern wichtiges Hilfsmittel beim Klettern und Werkzeug beim Packen und Festhalten von Beute. Die Krallen der Hinterpfoten werden außerdem beim Beschleunigen und Springen als „Spikes" eingesetzt. Bei freilaufenden Katzen sind sie gewöhnlich stumpfer als die vorderen. Krallen wachsen wie unsere Fingernägel ständig weiter. Von Zeit zu Zeit löst sich ihre äußerste Schicht und schilfert ab. Die Katze hilft dabei durch Beknabbern und Kratzen nach (siehe dazu auch das Kapitel Sauberkeit und Körperpflege). Die darunter zum Vorschein kommende Kralle ist wieder „wie neu", spitz und scharf.

Das Gebiß eines Raubtiers

Zeige mir deine Zähne, und ich sage dir, wer du bist! Das Gebiß eines Tieres spiegelt stets seine Ernährungsweise wider. Raubtiere wie die Katze verfügen über dolchartige Eckzähne, auch *Fangzähne* genannt, mit denen sie eine zappelnde und sich wehrende Beute packen, sicher festhalten und töten können. Die hinteren Zähne sind spitzhöckerig und scharfkantig und dienen zum Zerteilen des Fleisches. Hochspezialisierte Werkzeuge dafür sind vor allem die sogenannten *Reißzähne*. Man versteht darunter den letzten, d.h. hintersten Vorbackenzahn jeder Oberkieferhälfte und den ersten Backenzahn in jeder Unterkieferhälfte (bei der Katze ist dies der einzige). Die Kronen dieser beiden Zähne greifen wie dreieckig geschliffene Messer paßgenau von oben und unten ineinander. Dabei werden Fleischstücke wie mit einer Schere zerschnitten und

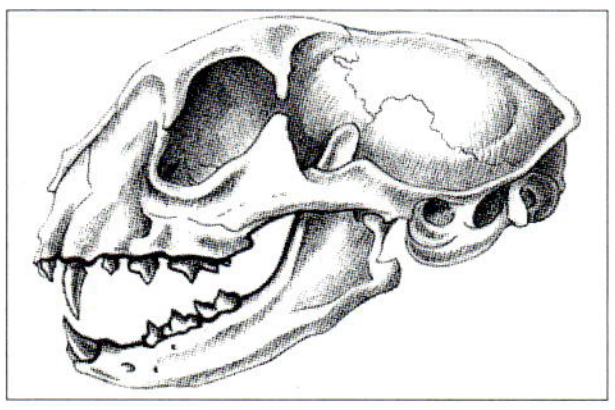

Im Gebiß einer Katze fallen vor allem die langen, spitzen Eckzähne, die sogenannten Fangzähne, auf.

Links: Beim Klettern im dünnen Geäst kommt es nicht allein auf einen guten Gleichgewichtssinn an, auch ein sicherer Halt ist notwendig. Die Krallen leisten der Katze dabei unschätzbare Dienste, vor allem, wenn Schnee und Eis die Angelegenheit auch noch rutschig machen.

Rechts: Krallenpflege nimmt eine Katze daher genauso ernst wie die Pflege ihres Fells. Durch regelmäßiges Beknabbern werden die Krallen von anhaftendem Schmutz befreit. Von Zeit zu Zeit lösen sich dabei auch die abgenützten äußersten Hornschichten ab.

dünnere Knochen zerbrochen. Die jeweils sechs winzigen Schneidezähne im Ober- und Unterkiefer setzt die Katze kaum für die Nahrungsaufnahme ein. Sie raspelt mit ihnen höchstens einmal Fleischreste von einem dicken Knochen herunter. Zur Haut- und Fellpflege dagegen leisten sie ihr gute Dienste. Es ist verblüffend, mit welcher Geschicklichkeit eine Katze damit Flöhe aus ihrem Fell fängt.

Die inneren Organe

Wie das Gebiß sind auch die Verdauungsorgane der Katze ganz auf Fleischnahrung eingestellt. Der Magen hat, wenn er voll gefüllt ist, ungefähr die Größe einer Frauenfaust. (Daraus läßt sich als grobe Faustregel ableiten, wieviel die Katze höchstens auf einmal fressen kann.) Die Verdauungssäfte, die der Magen produziert, sind so stark, daß auch Knochen aufgelöst werden. Der Darm der Katze ist, wie bei allen reinen Fleischfressern, vergleichsweise kurz. Seine Länge macht etwa das Drei- bis Vierfache der Körperlänge aus. (Zum Vergleich: Die pflanzenfressende Kuh hat einen Darm von gut 20facher Körperlänge.) Bezogen auf die Körpergröße, ist das Herz einer Katze eher klein und, was Pumpkraft und Ausdauer anbelangt, nicht übermäßig leistungsfähig. Die Katze ist kein besonders sportlicher Typ. Etwa einen Viertel Liter Blut hat das Herz ständig durch den Körper zu pumpen, wobei es (in Ruhe) etwa 110–130mal in der Minute schlägt. Das Blut wird in den Lungen mit Sauerstoff aus der Atemluft beladen und transportiert diesen in alle Teile des Körpers. Umgekehrt nimmt es aus den Körperzellen Kohlendioxid auf, das über die Lungen beim Ausatmen ausgeschieden wird. Eine ruhende Katze macht etwa 20–30 Atemzüge in der Minute. Außerdem dient das Blut dem Transport von Nähr- und Abfallstoffen im Körper. Die meisten Abfallsubstanzen werden durch die Nieren, zwei bohnenförmige Organe am vorderen Teil der Lendenwirbelsäule, aus dem Blut herausgefiltert und im Harn gelöst. Die Nieren regulieren dadurch auch den Wasserhaushalt des Körpers. Bei Bedarf können sie den Harn bis zu einer gewissen Grenze aufkonzentrieren und dadurch die Wasserausscheidung drosseln. Auch die Leber, die bei der Katze bauchseits auf der rechten Körperseite liegt, und die Milz (im linken oberen Teil der Bauchhöhle) sind für die

Die wichtigsten Sinnesorgane der Katze befinden sich am Kopf: Augen, Ohren, Nase und Tasthaare. Die Wissenschaftler wissen heute ziemlich genau, in welchen Gehirnteilen Sinneswahrnehmungen, aber auch Stimmungen oder die Steuerung von Bewegungen ihren Sitz haben.

Entgiftung des Körpers lebensnotwendig.

Die Sinne der Katze

Bei der Ausstattung mit exzellenten Sinnesorganen wurde die Katze von der Natur wahrlich großzügig bedacht. Jeder der fünf Sinne gehört zur Spitzenklasse im Tierreich. Vielfach wird der Katze sogar ein sechster Sinn zugeschrieben.

Die Augen

Das Sehvermögen ist der schärfste Sinn der Katze. Bei totaler Dunkelheit allerdings sieht eine Katze ebensoviel wie wir – nämlich rein gar nichts.
In der Dämmerung oder in einer Mondnacht aber ist sie uns haushoch überlegen. Katzenaugen kommen mit sechsmal schwächerer Lichtstärke aus als menschliche Augen. Wie bei den meisten nachtaktiven Tieren liegt hinter der Netzhaut eine Zellschicht, die wie eine Art Spiegel funktioniert und das einfallende Licht reflektiert. Das erhöht die Wahrnehmungsschärfe des Auges ganz ungemein. Bei extrem schwachem Licht haben die Sinneszellen in der Netzhaut dadurch nämlich ein zweites Mal die Chance, noch Licht zu registrieren, das ihnen beim ersten Durchgang womöglich entgangen ist. Die

Oben: Der Katzenkörper ist nicht auf Ausdauerleistungen, etwa lange Hetzjagden, ausgelegt. Er ist vielmehr spezialisiert auf explosive Kraftentfaltung, wie sie zu schnellen Sprints oder gewaltigen Sprüngen notwendig ist.

Mitte: Das Gebiß der Katze läßt keinen Zweifel aufkommen – wir haben es mit einem Raubtier zu tun. Mit den dolchartigen Eckzähnen, auch Fangzähne genannt, kann sie eine Beute sicher festhalten und rasch töten. Die spitzkronigen Backenzähne zermahlen die Nahrung nicht, sie zerschneiden sie vielmehr. Die winzigen Schneidezähnchen dagegen dienen beim Fressen höchstens dazu, Fleisch von dicken Knochen abzuraspeln.

Unten: Nicht nur das Gebiß, auch die inneren Organe und der Stoffwechsel der Katze sind typisch für Fleischfresser. Allerdings nimmt jede Katze regelmäßig auch geringe Anteile pflanzlicher Kost zu sich, in Form des Magen- und Darminhalts ihrer Beutetiere nämlich.

Links: Wer kann sich der Faszination entziehen, die von Katzenaugen ausgeht? Die Färbung der Iris reicht von kupferfarben über verschiedene Gelbtöne, zum Beispiel bernsteinfarben, bis grün.

Mitte: Katzenkinder haben in den ersten Wochen ihres Lebens übrigens alle blaue Augen. Erst ab der 10.-12. Lebenswoche bekommen sie allmählich ihre eigentliche Augenfarbe, wobei die endgültige Färbung der Iris erst im zweiten Lebensjahr abgeschlossen ist.

Rechts: In der Nacht läßt selbst der schwächste Lichtschein die Augen einer Katze aufleuchten wie kleine Strahler. Eine Reflektorschicht im Augenhintergrund wirft nämlich das einfallende Licht durch die Netzhaut zurück. Dadurch wird die Sehschärfe erheblich verbessert.

Für manche Rassen, zum Beispiel Siamkatzen (großes Bild), sind blaue Augen typisch.

Wirkung dieser Reflektorschicht im Augenhintergrund können wir deutlich sehen, wenn Katzenaugen nachts, zum Beispiel im Licht eines Autoscheinwerfers, wie zwei kleine Strahler aufleuchten.
Die Pupille reguliert die ins Auge einfallende Lichtmenge wie die Blende eines Fotoapparats. Bei schwachem Licht weitet sie sich zu einem großen, schwarzen Rund, das fast die ganze Iris verschluckt, im hellen Sonnenschein verengt sie sich zu einem schmalen, senkrechten Schlitz. Der Typ von Sinneszellen, der auf Schwachlicht so phantastisch empfindlich reagiert, funktioniert leider bei Tag nicht optimal. Dann muß eine zweite Art von Sinneszellen in Aktion treten, von denen sich im Katzenauge aber nur relativ wenige finden. Wahrscheinlich sehen Katzen daher tagsüber weniger scharf als wir. In erster Linie registrieren sie Bewegungen. Stillstehende Dinge können sie nicht so gut wahrnehmen. Am schärfsten erkennen Katzen Objekte in 2–6 m Abstand.
Die Hornhaut des Auges ist weit nach vorne gewölbt. Da-

durch deckt jedes Auge einen Sehwinkel von gut 200 Grad ab. Die Katze muß weder die Augen noch den Kopf bewegen, um auf die Seite zu schauen. Besonders wichtig aber ist der außerordentlich große Bereich vorne, den beide Augen zugleich abdecken, denn nur in diesem sogenannten *binokularen Blickfeld* ist eine räumliche Wahrnehmung möglich. Und räumliches Sehen ist die Voraussetzung für exaktes Zielen – unabdingbar für die nach einer Maus springende Katze!

Lange Zeit hat man Katzen für völlig farbenblind gehalten. Diese Meinung ist widerlegt. Katzen können Farben sehr wohl unterscheiden, aber wahrscheinlich nur Blau und Grün, vielleicht noch Gelb. Für Rottöne haben sie offenbar wirklich keinen Sinn.

Die Ohren

Das Hörvermögen steht an zweiter Stelle unter den Katzensinnen. Es übertrifft unser eigenes bei weitem.

Noch kleinste Geräusche, für unsere Ohren überhaupt nicht existent, kann die Katze wahrnehmen. Sie hört nicht nur das Tippeln von Mäusefüßchen oder das feine Piepsen einer Maus auf weite Entfernung, sie kann die Geräusche auch exakt lokalisieren und ihre Entfernung abschätzen. Das feine Spiel ihrer Ohren verrät dabei ihr aufmerksames Lauschen. Mehr als 20 Muskeln bewegen jeden der beiden großen Schalltrichter auf ihrem Kopf einzeln und richten ihn genau nach der Geräuschquelle aus. Die Katze hört nicht nur viel leisere Töne als wir, sondern auch viel höhere. Mäuse verständigen sich gewöhnlich untereinander durch leise Stimmfühlungslaute mit einer Frequenz von etwa 40 Kilohertz. Wir bekommen von dieser Mäuseunterhaltung nichts mit, denn das menschliche Gehör reicht im oberen Frequenzbereich höchstens bis etwa 20 Kilohertz. Dagegen hören Katzen Töne bis zu einer Frequenz von 65 Kilohertz – und somit auch das Mäusegeflüster. Diese größere Empfindlichkeit des Katzenohrs für hohe Töne erklärt auch, warum schrille Geräusche mit vielen Obertönen den meisten Katzen ausgesprochen zuwider sind. Tiefe Töne (ab einer Frequenz von etwa 20–30 Hertz) nehmen Mensch und Katze ungefähr gleich gut wahr.

Sehr gut ausgebildet ist auch der Gleichgewichtssinn, der seinen Sitz im Innenohr hat. Er läßt die Katze mit traumwandlerischer Sicherheit auf Zäunen oder Balken balancieren. Es kommt selten vor, daß Katzen irgendwo herunterfallen, aber gelegentlich passiert es eben doch. Reflexartig dreht sich dann ihr wendiger Körper im Fallen so weit herum, bis ihm das Gleichgewichtsorgan im Ohr meldet, daß oben wieder oben und unten wieder unten ist. Und schon landet die Katze sicher auf allen Vieren. (Vor allem bei Stürzen aus unnatürlich großer Höhe, vom Balkon eines mehrstöckigen Hauses etwa, kommt es aber nicht selten doch zu zum Teil schweren Verletzungen. Auf Hochhäuser und harten Asphalt ist der Katzenkörper eben von Natur aus nicht ausgelegt.)

Der Tastsinn

Von den Tasthaaren war im Zusammenhang mit den un-

Die sich je nach Licht stark verändernde Form der Pupille gibt den Katzenaugen immer wieder ein anderes Aussehen. Wie die Blende bei einem Fotoapparat reguliert die Pupille die Menge des einfallenden Lichts. Im Dämmerlicht weitet sie sich zu einem großen, schwarzen Rund (links), um sich mit zunehmender Helligkeit immer mehr zusammenzuziehen (Mitte), bis in hellem Sonnenlicht nur noch ein schmaler, senkrechter Schlitz davon übrig ist (rechts). Im Extremfall kann die Pupillenöffnung in der Mitte sogar ganz geschlossen werden. Dann gelangt Licht nur noch durch zwei längliche Öffnungen oben und unten in das Auginnere. Die Weit- oder Engstellung der Pupille wird durch winzige Muskeln in der Iris bewirkt.

Oben: Der Gleichgewichtssinn hat seinen Sitz im Innenohr. Er ist bei Katzen besonders stark ausgeprägt und ermöglicht es ihnen, sich auch auf dünnen Ästen oder Balken sicher zu bewegen.

Mitte: Das Gehör ist nach dem Sehvermögen der zweitschärfste Sinn der Katze. Ihre aufgestellten Ohrtüten fungieren als Schalltrichter, die zur genauen Ortung einer Geräuschquelle präzise gedreht und gewendet werden können. Dabei sind die beiden Ohren unabhängig voneinander bewegbar.

Unten: Die langen, steifen Tasthaare an der Oberlippe sind empfindliche Fühler für den Nahbereich. Mit ihrer Hilfe kann die Katze zum Beispiel die Bewegungen einer erbeuteten Maus, die sie im Maul trägt, kontrollieren.

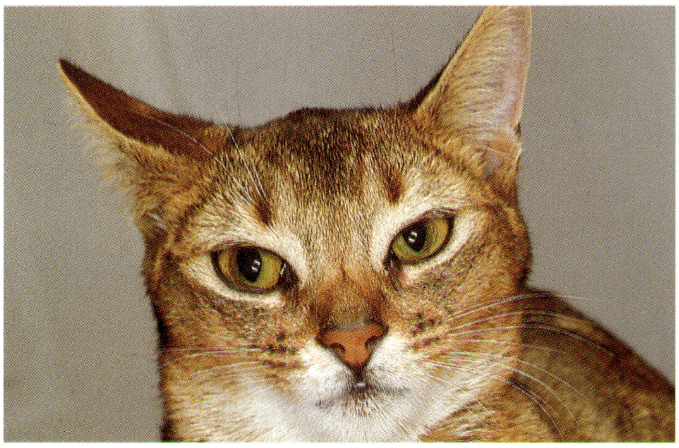

terschiedlichen Arten von Haaren bereits die Rede. An der Basis jeder dieser *Vibrissen* befinden sich zahlreiche Nervenendigungen, die jede Schwingung und jedes Umbiegen des Haares sofort registrieren. Die Katze setzt sie als wirkungsvolle Fühler ein, wenn sie zum Beispiel durch ein dunkles, enges Loch schlüpft. Vor allem die langen „Schnurrhaare" an der Oberlippe sind für die Katze wichtig. Sie erkundet damit Gegenstände, die ihr zu nahe vor dem Maul sind, um sie genau sehen zu können. So empfindlich sind diese *Vibrissen*, daß sie sogar feinste Strömungen und Vibrationen der Luft registrieren. Die über den Augen abstehenden Tasthaare dienen vor allem dem Schutz der Augen. Stößt die Katze etwa in der Dunkelheit an einen Zweig, werden diese Tasthaare zuerst getroffen. Augenblicklich wird ein Reflex, die Lider zu schließen, ausgelöst.

GERUCHS- UND GESCHMACKSSINN

Riechen und Schmecken

Im Vergleich zur langen Nase des Meisterschnüfflers Hund wirkt ein Katzennäschen geradezu winzig. Dies läßt schon vermuten, daß der Geruchssinn bei der Katze nicht so fein entwickelt ist wie beim Hund. Das heißt aber durchaus nicht, daß er für die Katze von geringer Bedeutung ist. Begegnungen mit anderen Katzen oder mit unbekannten Menschen gehen stets mit einem ausgiebigen Beschnuppern einher. Auch unbekannte Gegenstände werden einer gründlichen Geruchsprüfung unterzogen, die Nahrung wird erst dann gekostet, wenn sie geruchlich kontrolliert ist. Vor allem im Sozialleben der Katzen spielen Gerüche für Mitteilungen untereinander eine wichtige Rolle (siehe das Kapitel Verstehen und Mißverstehen sowie das Kapitel Zuhause und Unterwegs).

Die Riechschleimhaut im Naseninneren einer Katze enthält über 200 Millionen geruchsempfindliche Zellen. (Ein Mensch verfügt nur über den zehnten Teil davon!)

Den Geruchssinneszellen verwandt sind die Geschmacksrezeptoren auf der Oberfläche der Zunge. Beide Zelltypen werden durch den Kontakt mit chemischen Substanzen stimuliert. Während die Riechzellen auf Duftstoffe in der Luft reagieren, registrieren die Geschmacksrezeptoren chemische Stoffe, die in Speichel oder Wasser gelöst sind. Die Katze hat aber noch ein weiteres Organ, dessen Funktion ungefähr zwischen Riechen und Schmecken liegt und das uns Menschen fehlt: das *Jacobsonsche Organ*. Es befindet sich zwischen der Rachen- und der Nasenhöhle und besteht aus einem Paar sackartig geschlossener Schläuche, die mit einer Art Riechschleimhaut ausgekleidet sind. Über eine kleine Öffnung im Gaumendach, gleich hinter den Schneidezähnen, stehen diese „Riechschläuche" mit der Mundhöhle in Verbindung. Die Katze nimmt mit der Zunge Geruchssubstanzen aus der Luft auf und drückt sie in die Öffnung des *Jacobsonschen Organs*. Will sie einen Duft besonders intensiv prüfen, häufig im Zusammenhang mit sexuellen Interessen, aber auch den Geruch von Harnspuren oder Katzenminze, geht es der Katze wohl mit der Zunge nicht schnell genug. Mit halboffenem Maul und leicht hochgezogenen Lippen „saugt" sie die geruchserfüllte Luft in dieses Organ. Dieses *Flehmen*, das auch von anderen Säugetieren, vor allem von Huftieren bekannt ist, verleiht dem Katzengesicht den Ausdruck eines starren, etwas dümmlichen Grinsens.

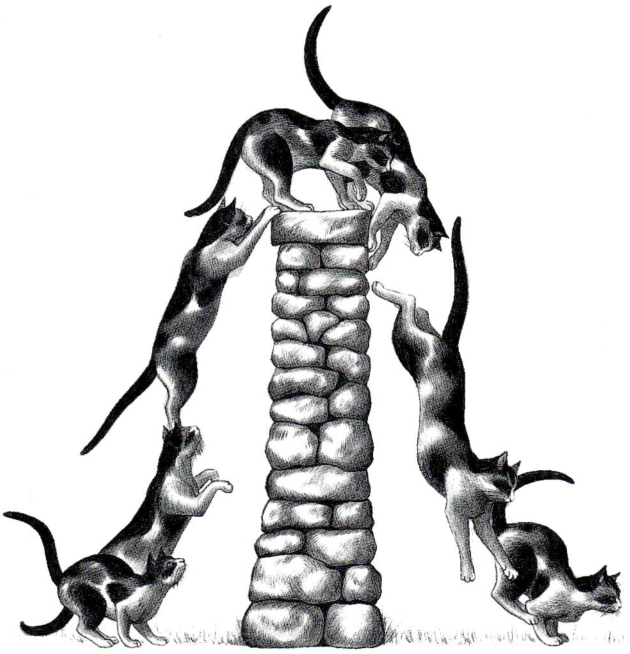

Beim Springen ist der Schwanz Balancierstange und Steuerruder zugleich.

Der „sechste Sinn"

Angesichts so mancher Leistungen, die Katzen vollbringen, können wir nur noch staunen. Nach einer plausiblen Erklärung dafür gefragt, müssen wir schlichtweg passen. Das präzise Zeitgefühl einer Katze ist jedem Katzenhalter bekannt. Wie oder woran die Katze die Zeit mißt, wissen wir nicht. Auch über ihr schier unglaubliches Heimfindevermögen können wir nur Vermutungen anstellen. Zwar haben ausgeklügelte Versuchsreihen ergeben, daß der kätzische Orientierungssinn im allgemeinen ab einer Distanz von 12 km rapide nachläßt, aber immer wieder erreichen uns durchaus glaubhafte Berichte von Katzen, die über Entfernungen von 100 km oder mehr nach Hause zurückgefunden haben. Ob sie sich auf ihrem Weg etwa nach dem wechselnden Stand der Sonne oder nach Sternbildern richten oder an den geomagnetischen Feldern der Erde orientieren, wissen wir nicht. Im letzteren Falle müßte man bei der Katze einen speziellen „Magnetsinn" annehmen. Wo aber sitzt dieser Sinn im Körper? Vielfach wurden der Katze übersinnliche Fähigkeiten zugeschrieben. Man nahm Leistungen oder Verhaltensweisen, die man sich nicht anders erklären konnte, als Beweis dafür, daß Katzen eben einen „sechsten Sinn" hätten, mit dessen Hilfe sie die Gedanken von Menschen lesen oder gar die Zukunft voraussehen könnten. Die Katzen brauchen aber gar nicht die Parapsychologie bemühen, sie wenden nur ihre normalen Sinne an. Weil diese aber viel schärfer sind als unsere, können wir oft

Auf den Geruch von Katzenminze (*Nepeta cataria*) sind die meisten Katzen ganz wild.

nicht nachvollziehen, was die Katzen alles wahrnehmen. Katzen sind ungemein scharfe Beobachter. Nehmen wir zum Beispiel an, wir säßen in einem Sessel und dächten soeben: „Eigentlich könnte ich jetzt die Katze füttern." Schon springt eben diese auf und läuft in die Küche, wo der leere Futternapf steht. Ein Fall von Gedankenlesen? Wohl eher hat die Katze beobachtet, wie sich während des Überlegens unsere Körperhaltung ein wenig straffte und unser Blick vielleicht unbewußt in Richtung Küche ging. Daraus und weil ihr ihr gutes Zeitgefühl längst sagte, daß die gewohnte Fütterungszeit bevorsteht, hat sie dann die richtige Schlußfolgerung gezogen – zur größten Verblüffung des Menschen.

Auch die Tatsache, daß Katzen erwiesenermaßen Erdbeben „vorauszuahnen" vermögen, geht sicher nicht auf übernatürliche Fähigkeiten zurück. Möglicherweise reagieren die Tiere sensibel auf die rapiden Veränderungen im Magnetfeld der Erde, die mit dem Erdbeben verbunden sind. Oder sie fühlen die drastische Erhöhung der statischen Elektrizität im fraglichen Gebiet. Oder sie nehmen so feine Vibrationen der Erdkruste wahr, die nicht einmal die Präzisionsmeßgeräte der Seismologen registrieren. Vielleicht liegt hierin das Geheimnis des kätzischen Frühwarnsystems.

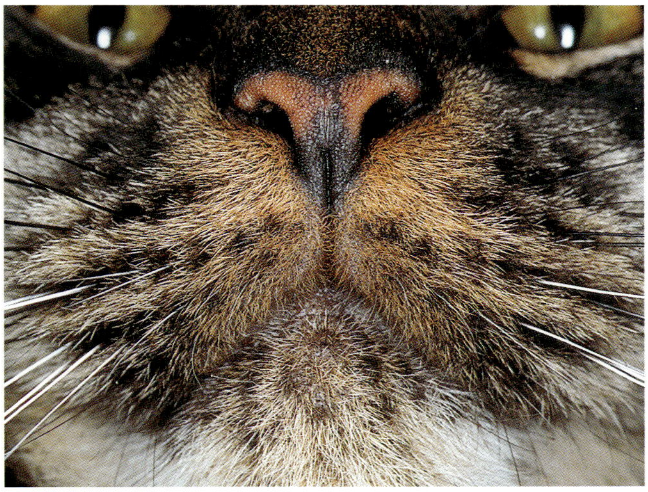

Oben: Der Geruchssinn spielt eine wichtige Rolle im Sozialverhalten der Katzen. Hier prüft eine Katze mit der Nase die Stelle am Boden, wo eben zuvor noch eine andere Katze gesessen hat. Der individuelle Geruch von Urin und Analdrüsensekret verrät dem Interessenten viel über Rangstellung, Geschlecht und sexuelle Bereitschaft des Artgenossen.

Mitte: Der Nasenspiegel einer Katze ist unbehaart und bei einem gesunden Tier leicht feucht. Er kann rosig sein oder auch schwarz pigmentiert. Punktereihen auf der seitlichen Oberlippe heben den Ansatz der Tasthaare optisch hervor.

Unten: Im Gelände unterwegs, vollbringen Katzen erstaunliche Orientierungsleistungen, wenn es darum geht, wieder nach Hause zu finden. Innerhalb ihres vertrauten Lebensraums hilft ihnen dabei sicherlich ihr gutes Gedächtnis. Wie und woran sie sich jedoch orientieren, wenn sie sich in unbekanntem Gelände befinden, wissen wir nicht.

KATZE UND MENSCH

In Wäldern und Steppen, Wüsten und Sümpfen der halben Welt führten Katzen ein Leben als perfekte Jäger von Mäusen und Ratten. Dann trat der Mensch in ihr Leben, und die Katze wurde zu seinem Haustier. Er machte sich ihre Fähigkeiten zunutze und brachte sie auf seinen Schiffen auch in die übrige Hälfte der Welt. In jüngster Zeit hat er sie auch als Zierde seines Heims auserkoren.

Kein anderes Haustier ist in seinem Wesen so widersprüchlich wie die Katze. Als Lebensgefährtin des Menschen ausgesprochen häuslich, als Freundin zärtlich und einfühlsam, steht sie doch noch immer mit zwei Pfoten in der Wildnis. Ihre freiwillige Verbundenheit mit dem Menschen und zugleich unkontrollierbare Unabhängigkeit lassen uns die Katze nach wie vor rätselhaft erscheinen, obwohl wir nun schon so lange mit ihr zu tun haben (oder die Katze mit uns). Im Lauf der Geschichte erfüllte sie für den Menschen die verschiedensten Funktionen: Göttin, Mäusefängerin und Lebensgefährtin.

Von der Wildkatze zur Hauskatze

Wohl schon immer hat der Mensch wilde Tiere gezähmt, sei es, um sich ihre Kräfte oder Fähigkeiten zunutze zu machen, oder sei es nur, um an ihnen nette Hausgenossen zu haben. Ein einzelnes Wildtier, das sich an den Menschen gewöhnt hat und zahm geworden ist, kann man deswegen aber noch lange nicht als Haustier bezeichnen. Eine Wildtierart ist

Kind und Kätzchen verbindet eine enge Wesensverwandtschaft. Spiel füllt einen gut Teil ihres Tages aus. Für beide gilt, daß sie dabei nicht nur ihre Geschicklichkeit trainieren, sondern auch den Spielpartner, seine Bedürfnisse und Eigenarten kennenlernen.

KATZE UND MENSCH

Die meisten anderen Haustiere standen schon seit Jahrtausenden im Dienste des Menschen, als die Katze sich in ihre Reihe einfügte. Ob sie sich dem Menschen freiwillig angeschlossen hat oder ob sie von ihm gefangen, gezähmt und dann gezüchtet wurde, weiß niemand mehr zu sagen. Die Zeichnung veranschaulicht den jeweiligen ungefähren Zeitpunkt in der Geschichte der Menschheit, zu dem die verschiedenen Haustierarten domestiziert wurden.

Rechts: Die Abessinierkatze kommt in ihrem Typ der nordafrikanischen Falbkatze, der Stammform der ältesten Hauskatzen, sehr nahe.

erst dann domestiziert, d.h. zu einer Haustierart gemacht, wenn sie vom Menschen über viele Generationen hinweg gezüchtet wurde. In der Regel werden dabei bestimmte Eigenschaften gezielt gefördert und dadurch der Nutzen, den der Mensch von dem Tier hat, gesteigert.
Wie war das nun bei der Katze? Bei Ausgrabungen gefundene Knochen belegen, daß in der jordanischen Oasenstadt Jericho bereits im 6. Jahrtausend v. Chr. Katzen gelebt haben. Ebenso alt sind mehrere kleine Statuetten, die man im Hochland von Anatolien gefunden hat. Sie zeigen mit Katzen spielende Frauen. Ob es sich in diesen Fällen schon um echte Hauskatzen gehandelt hat, ist allerdings mehr als fraglich.

Aus dem 3. Jahrtausend v. Chr. stammt eine ägyptische Abbildung, die eine Katze mit Halsband zeigt. Auch in diesem Fall läßt sich nicht entscheiden, ob es sich um ein in Gefangenschaft gehaltenes einzelnes Tier oder tatsächlich um eine domestizierte Hauskatze handelte. Es war damals ein beliebtes Freizeitvergnügen der Ägypter, wilde Tiere zu zähmen und zu halten. In ihren Häusern tummelten sich zahme Paviane, Hyänen, Löwen, Mungos und sogar Krokodile. Warum sollten sie ausgerechnet die Wildkatze übergangen haben, zumal sie sich wie alle Katzenarten relativ leicht zähmen läßt? Von etwa 1600 v. Chr. an finden sich in

ganz Ägypten aber immer häufiger Inschriften, Bilder und Statuen von Katzen, so daß man annehmen kann, daß spätestens ab dieser Zeit die Katze hier wirklich zum Haustier geworden war. Es bleibt unklar, ob sich die Katze dem Menschen freiwillig angeschlossen hat, weil sie in der Nähe seiner Nahrungsvorräte stets Beutetiere im Überfluß vorfand (seit die Menschen das Nomadentum aufgegeben hatten und Feldwirtschaft betrieben, bauten sie auch Kornspeicher, in denen es stets von Mäusen und Ratten wimmelte), oder ob der Mensch sie ursprünglich in der Wildnis eingefangen und zum Zweck der Mäusejagd in

Links: Zahme Wildtiere, wie dieser Puma, sind noch lange keine Haustiere. Domestiziert kann man eine Tierart erst nennen, wenn sie über viele Generationen hinweg vom Menschen gehalten und gezüchtet wurde.

Rechts: Jahrhundertelang war die Schiffskatze ein wichtiges Mannschaftsmitglied, das dafür zu sorgen hatte, daß sich auf den langen Seereisen keine gefräßigen Nager über die Vorräte an Bord hermachten.

Mäuse und Ratten zu fangen, das war der erste „Job", den die Menschen der Katze im Zuge der Domestikation zuwiesen, und es ist bis heute die Hauptaufgabe von Bauernhofkatzen.

Abbildungen von Katzen sind uns aus alten Kulturen Kleinasiens, vor allem aber aus dem alten Ägypten bekannt. Hier eine Nachbildung.

seine Ansiedlungen gebracht hat. Wir werden diese Frage im nachhinein wohl nicht mehr mit Gewißheit beantworten können.

Die wilden Vorfahren der Hauskatzen

Die Vorfahren unserer Hauskatzen sind unter den altweltlichen Wildkatzen mit dem wissenschaftlichen Namen *Felis silvestris* zu suchen. Diese Kleinkatzenart ist weit verbreitet und kommt in verschiedenen regionalen Unterarten vor. Eine davon ist die Falbkatze *(Felis silvestris lybica)*, die früher im ganzen nördlichen Afrika beheimatet war. Von ihr stammen mit Sicherheit die ersten Hauskatzen der alten Ägypter ab. Im Laufe der Verbreitung der Hauskatzen über die Welt haben aber möglicherweise noch weitere Unterarten zu ihrem genetischen Erbe beigetragen. Die langhaarigere und dunklere Europäische Wildkatze *(Felis silvestris silvestris)* könnte ebenso daran beteiligt gewesen sein wie verschiedene Typen der asiatischen Steppenwildkatzen *(Felis silvestris ornata)*. Deren Einflüsse waren jedoch sicherlich nicht groß – wenn überhaupt vorhanden. Die Europäischen Wildkatzen sind außerordentlich scheue Tiere, die, auch wenn sie von Hand aufgezogen würden, als Erwachsene ausgesprochen unzugänglich bleiben. Demgegenüber sind die Wildkatzen der afrikanischen Unterart geradezu geborene Haustiere. Als Jungtiere in der Wildnis eingefangen, verlieren Falbkatzen schon nach wenigen Tagen ihre

Ob es sich bei den Modellen für die ägyptischen Originalstatuen schon um Hauskatzen handelte, ist fraglich.

In allen Kulturen wurden und werden der Katze vor allem weibliche Eigenschaften zugesprochen. Anschmiegsam und zugleich eigenwillig und lustbetont, ist sie Symbol für Sinnlichkeit und Sexualität (Ölgemälde von François Boucher, 18. Jahrhundert).

Scheu und gewöhnen sich schnell an ein Leben in der Gesellschaft des Menschen.

Die Ausbreitung der Hauskatze

Während sich in Ägypten ein religiöser Katzenkult entwikkelte, der die Katze in den Rang einer Göttin erhob (siehe das Kapitel Religion und Kunst), verbreitete sich die Kunde um die Nützlichkeit der domestizierten Katze bei der Nagerbekämpfung auch rasch über die Grenzen Ägyptens hinaus. Hauptsächlich die Seehandel treibenden Phönizier sorgten mit ihren Schiffen für die Ausbreitung der Mäusejäger im ganzen Mittelmeerraum. Schließlich litten die Menschen überall unter den gefräßigen Nagetieren, die sich über ihre Korn- und anderen Nahrungsvorräte hermachten. Spätestens um 500 v.Chr. trafen die ersten Katzen auf dem griechischen Festland ein. Die Griechen brachten sie umgehend weiter nach Süditalien. Die Römer dürften dann ihrerseits für die weitere Ausbreitung der Hauskatzen nach Nordeuropa verantwortlich gewesen sein. Parallel dazu schipperte die Katze auf Handelsschiffen auch nach Osten. Sie erreichte Indien ungefähr 200 v. Chr., von dort aus gelangte sie in den Fernen Osten und nach China.

Von Beruf Mäusejäger

Der Mensch bietet der Hauskatze ein Dach über dem Kopf, ein weiches, warmes Plätzchen zum Schlafen und einen regelmäßig gefüllten Futternapf (oder doch zumindest ein großzügiges Zubrot)

Die höchste Verehrung genoß die Katze in der ägyptischen Hochkultur – als Göttergestalt, Totemtier und Tempelkatze.

Heute werden in ägyptischen Souvenirläden Katzen- bzw. Bastetstatuen an die Touristen verkauft.

an. Doch er erwartet von der Katze auch Gegenleistungen dafür. Zwei Hauptaufgaben weist er ihr im allgemeinen zu: Sie soll Mäuse und Ratten fangen und ihm eine liebenswerte Gefährtin sein. Zunächst soll hier von ihrer Funktion als Mäusefänger die Rede sein, die vor allem bei Bauernhofkatzen auch heute noch im Vordergrund steht. Seit die Menschen seßhaft wurden und Ackerbau betrieben, mußten sie ihre Vorräte gegen gefräßige Nagetiere verteidigen. Schon früh holten sie sich dafür Tiere ins Haus, von denen man wußte, daß sie sich mit Vorliebe von Mäusen ernährten. Im Mittelmeerraum waren das Mungos oder (ungiftige) Schlangen, im kühleren Mitteleuro-

KATZE UND MENSCH

Heute, in einer Zeit, in der sich Katzen gar nicht mehr in erster Linie nützlich machen müssen, sondern vielmehr einfach „nett" oder dekorativ sein sollen, haben Rassekatzen Hochkonjunktur.
Die Turkish Van (oben) ist eine sehr alte Rasse. Ihre Heimat ist das Bergland um den türkischen Vansee. Von dort kam sie erst in den 60er Jahren dieses Jahrhunderts zu uns. Ungewöhnlich an diesen Katzen ist, daß viele von ihnen freiwillig ins Wasser gehen und schwimmen.
Die Burmakatze (Mitte) ist als Zuchtrasse zwar noch jung, geht aber auf einen wahrscheinlich sehr alten Katzentyp aus Südostasien zurück. 1930 brachte ein Amerikaner eine dunkelbraune Katze aus Rangun in die USA mit und verpaarte sie mit einem Siamkater. Aus dieser Liaison entstand eine neue Rasse, eben die Burmakatze.
Mit der Singapura (unten) ist es ähnlich: Schon wer weiß wie lange in den Straßen Singapurs zu Hause, war sie in der westlichen Welt gänzlich unbekannt, bis 1975 die ersten Tiere dieses überaus zierlichen, kleinen Katzenschlags nach Kalifornien importiert wurden. Liebhaber züchteten sie weiter und schufen so eine neue, von den Zuchtverbänden anerkannte Rasse.

pa vor allem Frettchen. Nachdem die Katze ihren Siegeszug über Europa einmal angetreten hatte, waren die übrigen Tiere ihren Job bald los. Die Katze war als Mäusefängerin einfach erfolgreicher als alle anderen. Und jahrhundertelang schätzten sich Bauern glücklich, wenn sie eine Katze ihr eigen nennen konnten.
Ein weiter „Arbeitsmarkt" eröffnete sich den Katzen auf den großen Schiffen, mit denen die Menschen bald begannen, über die Ozeane zu fahren. Die Schiffskatze war darauf ein ebenso festes Mannschaftsmitglied wie der Koch oder der Kombüsenjunge. In der Seemannssprache gibt es heute noch den Begriff „Katzensteg" für eine schmale Holzplanke, die als Verbindung zwischen Schiff und Land dient. Mit den Schiffen gelangten die Katzen dann auch in die entferntesten Erdteile.
Auch heute noch „arbeiten" viele Katzen, um sich ihr Zubrot zu verdienen. In England gibt es in den meisten großen Verwaltungs- und Bürogebäuden Katzen, die als Lohn für ihre Mäusefangdienste vom Personal gefüttert werden. Man muß eine Katze nicht hungern lassen, um sie zum Mäusefang zu animieren. Durch zusätzliches Futter hindert man sie daran, ihre „Arbeit" auch anderswo zu verrichten (siehe dazu das Kapitel Jagd und Beutespiel).

Von der Allerweltskatze zur Edelkatze

In der wechselvollen Geschichte ihres Zusammenlebens mit dem Menschen hat die Katze höchste Höhen und tiefste Tiefen durchlebt, von der ägyptischen Vergöttlichung bis zur mittelalterlichen Verbrennung als Hexentier. Mit dem Geist der Neuzeit gewann sie schließlich wieder an Ansehen, bis heute mit steigender Tendenz. Das Bürgertum des Barocks entdeckte sie als Zierde für die Salons und als Streicheltier für die Damenwelt. Dafür wurde den Menschen die „gewöhnliche" Katze allerdings bald zu gewöhnlich. Man trachtete nach Edlerem. Die Zeit der Rassekatzen war gekommen. Berichte über Langhaarkatzen, die in der persischen Provinz Chorassan lebten, erreichten erstmals im 17. Jahrhundert Europa. Durch eine Mutation, eine zufällige Veränderung in der Erbsubstanz, wie sie in der Natur immer wieder vorkommt, war der Hauskatze ein langhaariges, seidiges Fell zuteil geworden. In Europa wurden diese „Perserkatzen" zunächst als Angorakatzen bekannt.

Die moderne, systematische Katzenzucht, wie sie heute von zahllosen Züchtern betrieben wird, gibt es erst seit gut 150 Jahren. England wurde dabei zur Hochburg der Rassekatzenzucht. 1871 fand in London die erste Katzenausstellung der Welt statt, auf der man auch bereits einige „Siamesen" bewundern konnte. Sie waren um diese Zeit noch Neuimporte in Europa. Dabei war die Genmutation, die das typische Färbungsmuster zustande kommen ließ, wahrscheinlich bereits um 1500 in Südostasien aufgetreten. Aus dieser Zeit jedenfalls stammen genaue Beschreibungen aus Ayudha, der damaligen Hauptstadt des Königreichs Siam (dem heutigen Thailand). Der Haupteffekt dieser sogenannten siamesischen Mutation besteht darin, daß die dunklen Pigmente in Haa-

Die Siamkatze ist eine nachweislich sehr alte Rasse. In einem uralten thailändischen (siamesischen) Manuskript findet sich bereits eine genaue Beschreibung dieser hellen Katzen mit den dunklen „Abzeichen" an Kopf, Pfoten und Schwanz.

Die Maine Coon, amerikanische „Nationalkatze", ist die Riesin unter den Rassekatzen (links). Die Kater bringen es nicht selten auf stattliche 9 kg Gewicht.
Ebenfalls eine große, kräftig gebaute Katze ist die Norwegische Waldkatze (Mitte). Ihr langes Fell ist besonders wasserabstoßend und sorgt mit seiner dichten Unterwolle dafür, daß das kalte und nasse Wetter des europäischen Nordens dieser Katze wenig anhaben kann.
Die Perserkatze (rechts) ist nicht erst heute die meistgezüchtete und meistgehaltene Langhaarkatze. Die Meinungen über ihre Schönheit sind ziemlich kontrovers. Eines steht jedoch fest: Als Temperamentsbündel kann man eine Perserkatze gewiß nicht bezeichnen.

ren und Augen vermindert wurden. Dabei ist die Menge des noch gebildeten Farbstoffs von der Temperatur abhängig. Je niedriger die Temperatur, desto mehr Pigment wird gebildet. Da Gesicht und Ohren, Pfoten und Schwanz bei einer Katze immer etwas kühler sind als der Rumpf, wachsen bei der Siam an diesen Stellen dunklere Haare. Siamkatzen, die sich vorwiegend im Freien aufhalten, sind am ganzen Körper deutlich dunkler gefärbt als reine „Zimmersiamesen".

Rassekatzen streng nach Vorschrift

Liebhaber und Züchter von Edelkatzen schlossen sich schon früh zu Clubs und Verbänden zusammen, um dem gemeinsamen Hobby auch gemeinsam zu frönen. Heute ist daraus ein florierendes Vereinswesen entstanden. Da werden Erfahrungen ausgetauscht, Ausstellungen organisiert, Stammbäume geschrieben, Zuchtbücher geführt und Rassemerkmale festgelegt. Die internationale Dachorganisation der europäischen Katzenzüchtervereine FIFE (Fédération Internationale Féline d'Europe) – sie gab sich übrigens unlängst hinten ein kleines e, als sie erstmals auch außereuropäische Verbände aufnahm und das Wort Europa aus dem Namen strich –, diese FIFe also erarbeitete sogenannte „Standards" für alle von ihr anerkannten Katzenrassen. Für den unbedarften Katzenfreund lesen sich diese detaillierten Beschreibungen der Idealkatze einer jeden Rasse reichlich pingelig. Nicht nur Statur und Kopfform, Fellfärbung und -struktur sind genauestens vorgeschrieben, auch die Farbe der Augen, die Behaarung der Ohrinnenseiten, die Breite des Zwischenraums zwischen den Ohren usw. Die Züchter tun ihr Bestes, ihre Katzen diesen Vorschriften anzupassen. Nur ein „makelloses" Tier wird vom Zuchtverband anerkannt und bekommt einen Stammbaum – der es erst richtig wertvoll macht. Bei der steigenden Wertschätzung der Edelkatzen ist die Katzenzucht längst keine brotlose Kunst mehr.

Vor allem seit Beginn dieses Jahrhunderts wurden aus den ersten Varianten der Hauskatze, der Angora-, Siam- und gewöhnlichen Kurzhaarkatze, zahlreiche neue Rassen gezüchtet. Die langhaarige Angora lieferte die Grundlage für die heutige Perserkatze, die viel gedrungener gebaut ist und in ihrem ganzen Erscheinungsbild konsequent auf rundlich, weich und kindchenhaft getrimmt wurde. (Die Angora-

katze sowie die etwas weniger langhaarige Türkische Vankatze werden aber, vor allem in der Türkei, auch heute noch getreu dem ursprünglichen Typ der ersten „Perser" gezüchtet.) Kreuzungen aus Persern und Siamkatzen ergaben die Birmakatze.

Bisher widersetzte sich die Katze störrisch jedem züchterischen Versuch, ihr einen wesentlich abweichenden Körperbau zu geben. Anders als beim Hund, der sich zum Pekinesen, Dackel, Windhund und Bernhardiner formen ließ, beschränken sich die züchterischen Erfolge bei der Katze im großen und ganzen auf Farbe, Länge und Struktur der Fells. Größe und Gewicht der verschiedenen Katzenrassen schwanken in nur geringen Grenzen. Amerika, Land der Superlative, hält mit der Maine Coon, der amerikanischen „Nationalkatze", den Katzengrößenrekord: Die Kater dieser stattlichen, langhaarigen Rasse bringen 7–9 kg auf die Waage, das ist etwa das Doppelte einer kleinen „gewöhnlichen" Hauskatze.

Havanna, Burma, Somali, Balikatze, Ägyptische Mau, Abessinier und wie die modernen heutigen Edelkatzen alle heißen, sie alle haben ihren Ursprung in den Wurfkistchen europäischer und amerikanischer Züchter, wie exotisch die Namen auch klingen mögen.

Die elegante, dunkelbraune Havanna wurde gezielt aus dunklen Siamkatzen und braunen oder schwarzen Kurzhaarkatzen „herausgezüchtet".

Perserkatzen (oben) gibt es mit allen möglichen Fell- und Augenfarben. Die verschiedenen Varianten sind von den Zuchtverbänden sorgfältig klassifiziert und mit Nummern belegt.
Was das typische Persergesicht anbelangt, kennt der Ehrgeiz der Züchter keine Grenzen. Immer noch rundlicher soll es sein, immer noch kürzer die Nase. Besonders extreme Typen werden als „Pekinesengesichts-Perser" bezeichnet (rechts). Deren Schädelskelett ist bereits derart verformt, daß die Tiere Schwierigkeiten haben, ihre Zähne richtig zu gebrauchen, und häufig sogar unter Atembeschwerden leiden.

Züchterische Grenzen

In jüngster Zeit nahmen die züchterischen Bemühungen um immer neue Katzenrassen recht absonderliche Formen an. Tiere, die man früher als Mißgeburten aus den Würfen ausgesondert hätte, wurden nun plötzlich hochgepäppelt und zur Weiterzucht verwendet. Wenn sie ihre besonderen Merkmale nur regelmäßig vererbten! Ob die so entstandenen neuen Rassen nun besonders schön sind oder nicht, sei dahingestellt. Über Geschmack läßt sich ja ohnehin nicht streiten. Und soweit die neue Katze in der Lage ist, gesund und munter nach Katzenart zu leben, spricht auch gar nichts gegen diese Zuchten. Leider ist dies nicht in allen Fällen so.

Die Manx-Katzen zum Beispiel, auf der englischen Insel Man beheimatete schwanzlose Katzen, sind durch eine Genveränderung infolge extremer Inzucht entstanden. Ihre Schwanzlosigkeit geht mit einer ganzen Reihe äußerst negativer Erscheinungen ein-

her. Ihr Hinterteil wird von zu langen Beinen getragen. Das verleiht der Manx-Katze einen hoppelnden Gang, der eher an ein Kaninchen als an eine anmutige Katze erinnert, und bereitet ihr erhebliche Schwierigkeiten beim Abwärtsspringen. Ein deformiertes Becken und Fehlbildungen des Schließmuskels erschweren die Verrichtung natürlicher Bedürfnisse. Die Störungen reichen dabei von chronischer Verstopfung bis zum Unvermögen, Harn und Kot zurückzuhalten. In der Zucht kommen sehr häufig Totgeburten vor oder lebensunfähige Kätzchen, die nach wenigen Tagen sterben. Es ist wirklich unverständlich, wie eine solche tierquälerische Abnormität zum Rassestandard werden konnte. In diesem Fall kann man jedoch nicht alleine die Züchter tadeln. Leider wurden die schwanzlosen Katzen auf der Insel Man zur ausgesprochenen Touristenattraktion, und die Touristen wollen sie auch haben. Die wenigen Züchter können die Nachfrage heute schon nicht mehr befriedigen und brüsten sich mit mehrjährigen „Wartelisten".

Bei den Perserkatzen soll laut den Zuchtidealen alles möglichst rundlich sein. Das Profil der Perser ist extrem verkürzt. Die Nase kann man schon kaum noch als Stupsnäschen bezeichnen, sie wirkt einfach plattgedrückt. Doch vielen Züchtern ist sie noch nicht platt genug. Bei extremen „Superpersern", sogenannten Pekinesengesichts-Persern, aber beeinträchtigen die Verformungen des Schädelskeletts die Gesundheit und das Wohlbefinden des Tiers erheblich. Der häufige Über- oder Unterbiß aufgrund der Kieferanomalie macht diese Katzen unfähig, Beute zu fangen, und die Katzenmütter können ihre Jungen nicht mehr selber abnabeln. Die Tränenkanäle sind so verkürzt, daß die Tränenflüssigkeit nicht mehr auf normalem Weg innerhalb des Auges abfließen kann. Das führt zu ständig tränenden Augen. Bei besonders extremen Typen sind die Näschen so stark verformt, daß die Tiere mit Atembeschwerden zu kämpfen haben.

Eine weitere erbliche Abnormität sei noch erwähnt, die auch bei Hunden, Labormäusen und -ratten bekannt ist: die Haarlosigkeit. Bei Katzen ist diese Degeneration vor allem bei Siam- und Rex-Katzen bekannt geworden. Haarlose Siamkatzen wurden in den USA als „Sphinx-Katzen" bezeichnet und tatsächlich zu einer eigenen Rasse gekürt. Daß diese mageren, faltigen Geschöpfe eher an E.T., den Außerirdischen, erinnern als an elegante, anmutige Katzen, scheint deren Züchter nicht weiter zu stören. Nacktkatzen sind au-

Eine der jüngsten „Kreationen" der Katzenzüchter ist die Pudelkatze. Sie trägt das Kräuselfell der Rex-Katzen, kombiniert mit den Hängeohren der Schottischen Faltohrkatzen (rechts). Die Kombination Siam-Faltohrkatze (links) ergibt ebenfalls ein Geschöpf für Leute, die gerne eine Katze halten wollen, aber möglichst keine, die wie eine Katze aussieht!

Die Schottische Faltohrkatze ist an den kleinen, nach vorne geknickten Öhrchen unschwer zu erkennen. Eine reinerbige Zucht erwies sich als schwierig, da sich die Erbanlage für die Hängeohren nicht dominant durchsetzt und überdies eine Häufung von Mißbildungen und Totgeburten droht. Daher werden stets normalohrige Tiere eingekreuzt. In den Würfen sind dann meist beide Ohrvarianten zu finden (linke Seite).

Kinder lieben es nicht nur, mit Katzen zu spielen, sie schmusen auch nur allzu gerne mit ihnen. Bei einer gesunden und gepflegten Katze kann man durchaus einmal ein Auge zudrükken, wenn das Kind sein Bett mit ihr teilt. Allerdings mögen es Katzen gar nicht, grob oder ungeschickt angefaßt zu werden. Selbst wenn sie es eine Weile dulden, über kurz oder lang werden sie sich dem Griff entwinden oder sich zur Wehr setzen. (Noch tollpatschige Krabbelkinder sollte man daher nicht ohne Aufsicht mit Katzen spielen lassen.) Sobald ein Kind jedoch gelernt hat, die Bedürfnisse der Katze zu respektieren, steht einer dicken Freundschaft nichts mehr im Wege.

ßerordentlich heikle Pfleglinge und anfällig für alle möglichen Krankheiten. Sie entbehren ja jeglichen Wärmeschutzes. Außerdem scheint das Gen für die Haarlosigkeit mit einem sogenannten *Letalfaktor* gekoppelt zu sein, d.h., in den Würfen sind stets viele totgeborene oder nicht lange lebensfähige Junge dabei.

Verglichen mit diesen wirklich armseligen Katzenkreaturen, sind Knickohren oder Kräuselfell harmlose züchterische Spielereien. Die Schottische Faltohrkatze sieht vielleicht für eine Katze ziemlich merkwürdig aus, da aber dem Tier selbst diese Art Selbsterkenntnis sicherlich fremd ist, führt es ein ganz unbeschwertes Katzenleben. Ihre Katzenkollegen scheinen die kleinen Hängeohren von streitbar angelegten Ohren sehr wohl unterscheiden zu können. Jedenfalls geht es in „gemischten Gruppen" nicht mehr und nicht weniger aggressiv oder friedlich zu wie unter lauter normalohrigen Katzen. Auch die Rex-Katzen, deren Fell völlig katzenuntypisch gekräuselt ist und vor allem am Rücken wie frisch onduliert wirkt, sind muntere Katzenwesen. Mutationen, die zu der Lockenpracht führten, sind seit den 50er Jahren mehrfach unabhängig in England, Deutschland und den USA aufgetreten und wurden sogleich zu neuen Rassen „stabilisiert". Benannt sind diese Katzen übrigens nach den Rex-Kaninchen, die ebenfalls ein lockiges Fell tragen.

Allen hochgezüchteten Edelkatzen ist eigen, daß sie in freier Natur oder in einem vom Menschen unabhängigen Streunerleben wenig Chancen haben, alt zu werden. Sie sind vollständig zu Geschöpfen des Menschen geworden und auf dessen Fürsorge angewiesen. Über viele Generationen hinweg in abgeschlossenen Wohnungen gehalten, wissen sie nur noch in ihrem Erbgedächtnis, was Jagd wirklich bedeutet.

80–85% aller bei uns lebenden Hauskatzen sind aber nach wie vor ganz gewöhnliche „Allerweltskatzen", ohne Stammbaum, dafür mit einer guten Portion Selbständigkeit und mit erstaunlich unverfälschten Instinkten. Sie sind es, von denen dieses Buch handelt und die in erster Linie gemeint sind, wenn hier von „der Katze" die Rede ist.

Der Einfluß der Katze auf den Menschen

Die Katze ist aus unserem Alltag nicht mehr wegzudenken. Sei es, daß wir ihr in der Produktwerbung, auf der Leinwand oder in Form von Nip-

Eine Katze gibt einen prima Spielkameraden ab, der viel Ausdauer und Geduld mitbringt – aber nur, solange die Katze selbst es will. Ein Kind braucht schon eine gesunde Portion Selbstbewußtsein, um auch eine gelegentliche Ablehnung und Zurückweisung seitens der Katze respektieren zu können, ohne enttäuscht zu sein.

Die selbständige Betreuung einer Katze kann für Kinder sehr viel bedeuten. Sie haben dann eine echte Aufgabe und lernen, Verantwortung für ein schwächeres Familienmitglied zu tragen.

pes, Schmuck oder als Verzierung auf Gebrauchsgegenständen begegnen, sei es, daß sie uns in der Vorstadtsiedlung oder im Urlaub über den Weg spaziert. Sogar in unserer Alltagssprache hat die Katze ihren festen Platz: An den Fahrrädern leuchten „Katzenaugen", „Naschkatzen" essen gern „Katzenzungen", wir weigern uns, die „Katze im Sack" zu kaufen, schleichen „wie die Katze um den heißen Brei", und am Ende war alles „für die Katz". Immerhin rund 20 % der deutschen Haushalte beherbergen einen oder mehrere Stubentiger. Seit einigen Jahren hat die Katze in der Beliebtheitsskala der Heimtiere den Hund von Platz eins verdrängt. Trotzdem sind nicht alle Menschen Katzenfreunde. Manche wollen mit Katzen nichts zu tun haben, weil man sie nicht so leicht unter Kontrolle bringen und zu bedingungslosem Gehorsam erziehen kann wie Hunde. Andere fürchten sich direkt vor Katzen, besonders vor

schwarzen. Es scheint, als sei hier die mittelalterliche Vorstellung vom Bösen, das sich in der Gestalt der Katze verbirgt, noch irgendwie vorhanden. Die irrationale Angst vor Katzen kann sogar krankhafte Züge annehmen. Solchen unter einer sogenannten Katzenphobie leidenden Menschen bricht beim bloßen Anblick einer Katze schon der kalte Schweiß aus, und sie beginnen zu zittern. Bekannte Katzenhasser in der Geschichte waren übrigens Julius Cäsar und Napoleon, beide nicht unbedingt als besonders sensibel und tolerant zu bezeichnende Herrscher.

Kinder und Katzen

Konrad Lorenz, der große Mentor der Verhaltensforschung, hat einmal geschrieben: „Die Heimtierhaltung ist ein ernstzunehmender Erziehungsfaktor. Sie nimmt in dem Maße an Bedeutung zu, in dem sich eine verstädterte Menschheit der Natur entfremdet." Vielleicht entspringt der Wunsch so vieler Kinder nach einem Haustier in erster Linie deren instinktiver Suche nach einer Möglichkeit, Kontakt aufzunehmen mit der Natur. Fest steht, daß Leute, die als Kinder lange und gute Erfahrungen mit Katzen und anderen Tieren machen konnten, sich auch als Erwachsene gern mit Tieren umgeben. Kinder können im Umgang mit Katzen viel lernen, was nicht nur ihr Verhältnis zu Tieren, sondern ihre Lebenseinstellung im allgemeinen prägt. Vor allem lernen sie, den Willen eines Partners zu respektieren. Eine Katze kann ein begeisterter und auch geduldiger Spielkamerad für das Kind sein, aber nur, solange sie selber es will. Die Krallen einer unwilligen Katze sprechen eine Sprache, die jedes Kind im wörtlichen Sinn „auf Anhieb" versteht. Ein größeres Kind kann man auch mit der Aufgabe betrauen, seine Katze selbständig zu füttern und zu pflegen. Dabei lernt es, die Bedürfnisse eines anderen zu erkennen und Verantwortung zu tragen für ein schwächeres Familienmitglied.

In einer Zeit, in der die Zahl der Single-Haushalte immer weiter steigt, bekennen sich auch immer mehr Männer zur Katze. Sie schätzen die sanften Hausgenossen, die geduldig darauf warten, daß sie abends von der Arbeit zurückkehren.

Die Katze als Lebenspartner

Das Klischee der Katze als typisches Haustier alleinstehender älterer Damen trifft heute immer weniger zu. Seit die Anzahl der Single-Haushalte in unseren Landen rapide angestiegen ist, übernahm die Katze eine neue Rolle und wurde zum „Junggesellen-Tier". Eine Wohnung, in der einen bei der abendlichen Heimkehr vom Beruf eine Katze erwartet, ist eben keine leere Wohnung. Das wissen auch mehr und mehr junge Menschen zu schätzen. Der Lebensgefährte Katze bringt Freude ins Haus und lenkt dabei die Menschen von ihren Sorgen, Problemen und Gebrechen ab.

Über die Mensch-Katze-Beziehung gibt es noch kaum wissenschaftliche Untersuchungen. Nur wenige Aussagen sind wirklich mit statistischen Zahlen belegt. Seit kaum 20 Jahren erst interessieren sich Ärzte und Psychologen für die wohltuende und

fallweise sogar therapeutische Wirkung einer Beziehung zu Tieren. Beim Streicheln einer zufrieden auf dem Schoß zusammengerollten Katze, soviel weiß man inzwischen, sinkt der Blutdruck ab und verkrampfte Muskeln lockern sich. Körper und Seele entspannen sich. Eine amerikanische Langzeitstudie aus den 80er Jahren, in der man älteren Personen Katzen als Gesellschafter „verordnet" hat, ergab in allen Fällen eine positive Auswirkung auf den gesundheitlichen Zustand der Versuchspersonen, vorausgesetzt, diese haben eine echte gefühlsmäßige Beziehung zu ihrer Katze aufgebaut. Die Leute waren weniger depressiv, krankhafter Bluthochdruck normalisierte sich, in einigen Fällen sanken sogar die Blutzuckerwerte von Diabetikern. Zu einer Beziehung gehören aber immer zwei, und wenn es eine gute Beziehung sein soll, müssen die beiden zusammenpassen. Das gilt auch für Katzen und Katzenhalter. In einer breit angelegten Studie hat man verschiedene Menschen- und Katzencharaktere miteinander „verkuppelt" und dann über einen längeren Zeitraum beobachtet, wie die Paare miteinander klarkamen. Die Zahlen belegten, was man längst vermutete: Leute mit mangelndem Selbstbewußtsein können sich kaum mit einer scheuen, ängstlichen oder sehr zaghaften Katze anfreunden. Solche Katzen ziehen sich schnell zurück und verstecken sich. Das läßt bei unsicheren Menschen leicht das Gefühl entstehen, abgelehnt zu werden. Bei gefühlvollen, toleranten und in sich ruhenden Personen sind dagegen auch scheue Katzen gut aufgehoben. Eine menschenfreundliche Katze, die von sich aus immer wieder die Initiative zu Kontakten ergreift, herankommt und zu schmusen beginnt, kann dagegen die beste Therapie für Menschen sein, die unter leichten bis mittelschweren Depressionen leiden. In immer mehr Seniorenheimen, Rehabilitationskliniken und Pflegeheimen werden heute ganz gezielt Katzen gehalten. „Heimtierunterstützte Therapie" heißt der Fachausdruck dafür. Sie entspricht einer uralten Lebenserfahrung: Zusammen mit einem Freund kommt man besser durchs Leben und meistert auch schwierige Situationen leichter. Und Katzen können ausgesprochen gute Freunde sein!

Vor allem vielen älteren, alleinstehenden Menschen vermittelt eine Katze das schöne Gefühl, gebraucht zu werden. Wenn dann noch der kleine Enkel zu Besuch kommt, wird es die Oma verstehen, eine Brücke zwischen Kind und Tier zu knüpfen.
Für viele junge Frauen ist eine Katze sicherlich, bewußt oder unbewußt, eine Art Kindersatz. Selbständig und berufstätig steht die moderne Frau im Leben „ihren Mann" und wünscht sich doch zugleich ein kleines, anschmiegsames Wesen zum zärtlichen Bemuttern – so recht eine Rolle für die Katze.

KATZENVERHALTEN

KATZENVERHALTEN

GEBURT UND AUFZUCHT

Blind und hilflos geboren, sind Katzenbabys zunächst ganz auf die Fürsorge ihrer Mutter angewiesen. Kätzinnen sind hingebungsvolle Mütter. Wenn es sein muß, können sie zur Verteidigung ihrer Jungen aber auch zu Furien werden. Von der Mutter lernen die Katzenkinder, was sie für ihr späteres Katzenleben brauchen. Im Alter von etwa einem halben Jahr sind sie schließlich so selbständig, daß sich die enge Bindung zwischen Mutter und Kindern allmählich auflöst.

Es ist Frühjahr und die Zeit der Katzenliebe. Weithin schallen die werbenden Gesänge aus Katzenkehlen durch die Nacht. Der Paarungstrieb führt Kätzin und Kater unweigerlich zusammen. Und wie es die Natur nun mal so will, bleibt solch ein amouröses Abenteuer nicht ohne Folgen: Die Katze wird trächtig.

Etwa 24–36 Stunden nach der Paarung (oder den Paarungen) findet bei der Katze der Eisprung statt, ausgelöst durch die Stimulation beim Geschlechtsakt. Dabei werden gewöhnlich mehr Eier aus den Eierstöcken freigesetzt und auch befruchtet, als letztlich Kätzchen geboren werden. Bei Katzen ist es nämlich völlig normal, daß ein Teil der noch winzigen Embryonen wieder abstirbt und vom mütterlichen Organismus resorbiert wird. Dies vollzieht sich ohne jedes äußerlich erkennbare Anzeichen.

Hat sich die Katze nacheinander mit verschiedenen Katern gepaart (siehe das Kapitel Lust und Liebesleben), und das ist ziemlich häufig der Fall, wenn nicht gerade akuter Katermangel in der Umgebung herrscht, entscheidet der pure Zufall, wessen Samenzelle „das Rennen macht" und eine Eizelle befruchtet. Es kommt durchaus vor, daß die Kätzchen eines Wurfs verschiedene Väter haben.

Die Trächtigkeit

In den ersten 3–4 Wochen sieht man der Katze ihre „Umstände" überhaupt nicht an. Am ehesten fällt auf, daß sie auf einmal besonders häuslich geworden ist, sich nur selten länger draußen herumtreibt und in der Nähe ihres Heims bleibt. Viele Kätzinnen scheinen nun ein gesteigertes Schlafbedürfnis zu

Zum Transport faßt die Mutterkatze ihr Kind mit den Zähnen behutsam, aber fest im Nacken. Sobald sie zupackt, fällt das Kleine durch einen Reflex in die sogenannte Tragstarre.

haben, jedenfalls stehen sie von ihrem Lieblingsplatz oft kaum noch auf. Gewöhnlich sind sie auch ihrer Menschenfamilie gegenüber anhänglicher als sonst und wollen ohne Unterlaß schmusen und kuscheln. Ab der 4. Woche fangen die Zitzen an, sich kräftiger rosa zu färben und deutlicher hervorzutreten. Ab der 5. Woche kann man bei einigen Katzen schon erkennen, daß sich ihr Bäuchlein allmählich rundet. (Bei langhaarigen Katzen tut man sich damit allerdings hart. Sie können ihren Zustand Beobachtern meist länger geheimhalten.) Manche Katzen werden gegen Ende der Trächtigkeit enorm dickbäuchig, vor allem, wenn sie viele Junge austragen. Anderen sieht man bis zur Geburt kaum etwas an, so daß man sich unwillkürlich fragt, wo diese Katzenmütter die Ungeborenen eigentlich in ihrem Leib verbergen. Die Tragzeit dauert bei der Hauskatze in der Regel 62–65 Tage, wie beim Menschen sind aber gewisse Abweichungen nach oben wie nach unten ganz normal. Vereinzelt kommt es bereits am 59. Tag zur Geburt, manchmal wirft die Kätzin aber auch erst am 70. oder gar 72. Tag.

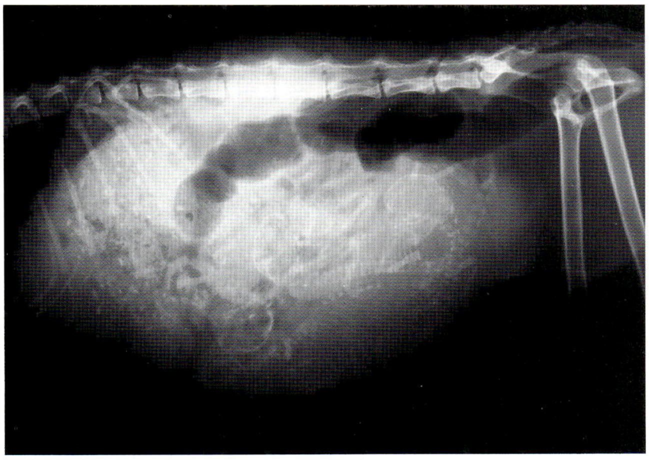

Das Wurflager

1–2 Wochen vor dem Geburtstermin beginnt sich die Kätzin nach einem geeigneten Platz für die Kinderstube umzusehen. Dunkel soll er sein, warm und vor Zugluft geschützt. Die meisten Katzen suchen sich einen ruhigen Winkel aus, in dem wenige Störungen zu erwarten sind. Eine Katze mit engem Familienanschluß kann aber auch mitten im Wohnzimmer Stellung beziehen, um für die Zeit ihrer Mutterschaft nur ja nicht vom Familienleben ausgeschlossen zu sein. Eine weiche Unterlage ist zwar in keinem Fall zu verachten, notfalls verzichtet die Katze darauf aber noch am ehesten.

Entspricht eine von ihren wohlmeinenden Menschenfreunden aufgestellte Wurfkiste den Vorstellungen der Kätzin, nimmt sie diesen Service gerne an. Wenn nicht, ignoriert sie die Kiste ganz einfach und sucht sich statt dessen einen Platz, der ihr mehr zusagt. Eine Katze hat noch immer eine geeignete Nische gefunden, in der sie ihre Jungen großziehen kann. Von der Kommodenschublade bis zum Bücherregal, vom Pulloverstapel im Kleiderschrank bis zur „Höhle" unter der Bettdecke rei-

Wie behandelt man eine trächtige Katze richtig?

Die Antwort ist einfach: Ganz normal, wie sonst auch! Trächtigkeit ist keine Krankheit und kein Gebrechen, sondern die natürlichste Sache der Welt. Vor allem aber sollten Sie der Katze jetzt nicht eine Extraportion nach der anderen zukommen lassen, denn für werdende Katzenmütter gilt dasselbe wie für Menschenmütter: Eine übermäßige Gewichtszunahme während der Schwangerschaft belastet den Organismus und kann sogar zu Organschwächen führen. Normalerweise legt eine Katze bis zur Geburt 1–1,5 kg an Körpergewicht zu, abhängig von ihrem Ausgangsgewicht und der Anzahl der Jungen, die sie austrägt. Bei fortgeschrittener Trächtigkeit sind die Verhältnisse im Leib der Katze schon ziemlich beengt. Daher empfiehlt es sich, die Tagesration an Futter statt auf zwei große auf mehrere kleine Portionen über den ganzen Tag zu verteilen.

Eine hochträchtige Kätzin liegt am liebsten bequem auf der Seite (ganz links). Die mütterlichen Instinkte erwachen nicht erst mit der Geburt der Jungen, sondern treten bereits einige Tage vorher in Erscheinung. Vorübergehend bekommen dann erwachsene Mitkatzen die Fürsorge ab und werden eifrig beleckt (Mitte links).
Schon einige Zeit vor dem Geburtstermin sieht sich die Katzenmutter nach einem geeigneten Platz für ihr Wurflager um. Kommodenschubladen oder Kleiderschränke sind dabei begehrte Quartiere (Mitte rechts).
Mit Hilfe einer Röntgenaufnahme kann der Tierarzt nicht nur zweifelsfrei eine Trächtigkeit feststellen, sondern auch die Anzahl der zu erwartenden Kätzchen. Hier sind es drei Ungeborene (ganz rechts).

Das ideale Wurflager ist so groß, daß sich die Kätzin darin voll ausstrecken kann. Durch ausführliches „Probeliegen" wird die Eignung der Lagerstatt gründlich geprüft.

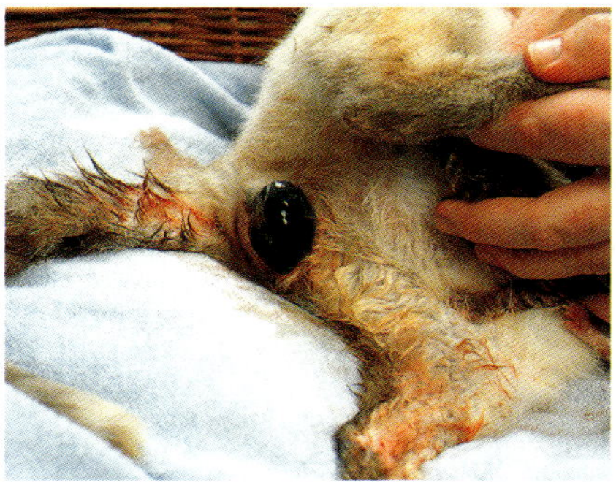

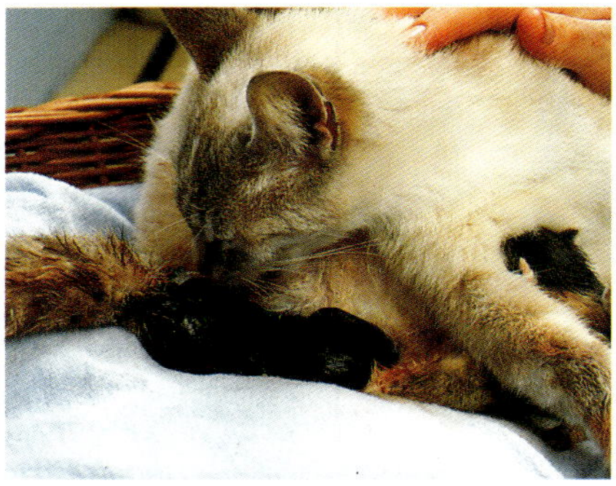

Wenn nach kräftigen Preßwehen Kopf oder (wie hier) Hinterteil des Kätzchens am Scheidenausgang sichtbar werden, ist die Geburt nur noch eine Sache weniger Minuten. Mit einer letzten Anstrengung wird das Katzenbaby ausgetrieben. Es steckt noch in den Fruchthüllen, die die Mutter mit den Zähnen aufreißt und so das Kleine daraus befreit. Danach bearbeitet die Katze den kleinen Körper mit kräftigen Zungenstrichen. Das ist nicht nur Reinigung, sondern vor allem Massage, durch die Kreislauf und Atmung des Neugeborenen angeregt werden.

chen die Varianten. Bauernhofkatzen bevorzugen meist einen dunklen Winkel im Heuschober, freilebende Katzen suchen sich ein dichtes Gebüsch, eine Baumhöhle, einen alten Schuppen oder Keller.

Die Geburt

Etwa 12–24 Stunden vor der Geburt werden die meisten Kätzinnen erkennbar unruhig. Immer wieder suchen sie ihr ausgewähltes Wurflager auf und scharren die Unterlage zurecht. Sie fressen jetzt nichts mehr. Noch unerfahrene Katzen suchen häufig ihr Katzenklo bzw. einen geeigneten Platz draußen auf. Anfangs ähnelt der Wehenreiz offenbar dem Kotdrang. Ein leichter Ausfluß von Fruchtwasser aus der Geschlechtsöffnung ist das erste erkennbare Anzeichen, daß es nun ernst wird mit der Geburt. Die Wehen werden stärker und kommen in immer kürzeren Abständen. Je nach Charakter erträgt die Kätzin sie lautlos, stöhnt leise oder maunzt laut und klagend.
Überhaupt ist das Verhalten von Kätzinnen in dieser Phase sehr unterschiedlich. Unerfahrene oder stark auf den Menschen fixierte Kätzinnen wollen absolut nicht alleine gelassen werden in diesen schweren Stunden. Die meisten Katzen jedoch, vor allem die routinierten Mütter, ziehen sich zurück, um während der Geburt ungestört zu sein. Die Mehrzahl der Katzengeburten findet in der Nacht und in aller Stille statt.
Immer länger bleibt die Katze nun in ihrem Wurflager. Zwischen den Wehen beleckt sie kräftig ihre Geschlechtsöffnung. Das ist nicht nur Reinigung, sondern vor allem Massage, durch die das Gewebe gelockert wird. Es dehnt sich dann leichter bei der Geburt, und die Gefahr, daß die Scheidenränder einreißen, ist geringer.
Dienten die Wehen bisher dem Öffnen des Muttermundes und der Erweiterung des Gebärmutterhalses, setzen nun Preßwehen ein. Die Katze liegt auf der Seite oder nimmt eine Hockstellung ein wie zum Kotabsetzen. Über die Bauchmuskulatur hilft sie

Ist es nicht nett? Schon nach wenigen Tagen blickt das Kätzchen recht neugierig in die Welt.

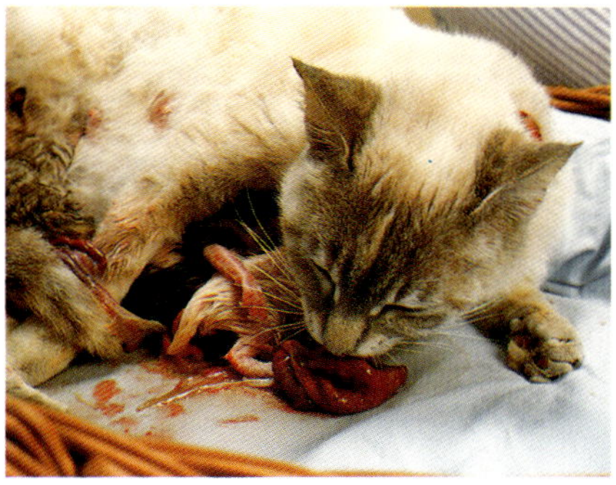

beim Pressen kräftig mit. Plötzlich geht alles ganz schnell: Das erste Junge wird ausgetrieben. Die meisten Kätzchen werden mit dem Kopf voran geboren. Fast ein Drittel aller Kätzchen aber kommt mit dem Hinterende zuerst auf die Welt, was bei Katzen in aller Regel keine Komplikation bedeutet. Nach längstens 1–2 Minuten liegt das nasse Bündelchen neben der Mutter im Nest. Wenn die Fruchtblase nicht bereits geplatzt ist, reißt die Kätzin sie nun mit den Zähnen auf und befreit das Junge daraus. Sie leckt das Fruchtwasser auf und frißt die Fruchthäute. Dann beginnt sie schleunigst, ihr Junges zu belecken. Dadurch wird es nicht nur sauber und trocken, die kräftige Zungenmassage ist vor allem wichtig, um den Kreislauf und die Atemtätigkeit des Neugeborenen anzuregen.

Schließlich wird die Nachgeburt, die *Plazenta*, ausgestoßen oder von der Katze an der Nabelschnur herausgezogen. Die Katze frißt die Plazenta samt Nabelschnur auf. Sofern es nicht längst geschehen ist, nabelt sie spätestens dabei das Kleine ab, indem sie den Nabelstrang etwa 2–3 cm von seinem Bauch entfernt durchbeißt.

Bei fast allen Säugetierarten frißt das Muttertier nach überstandenen Geburtsmü-

Schließlich wird die Nachgeburt ausgestoßen und von der Katze meist auch gleich aufgefressen. Während das Katzenbaby bereits die Milchquelle gefunden hat und sich seine erste Mahlzeit schmecken läßt, ist seine Mutter noch eifrig bemüht, es vollends trockenzulecken und zu säubern.

hen die Nachgeburt auf. Die Katze macht da keine Ausnahme. Dieses Verhalten hat verschiedene wichtige Funktionen. Zum einen wird das Nest saubergehalten und dadurch die Infektionsgefahr verringert, zum anderen wird eine Geruchsentwicklung unterbunden, die leicht einen Freßfeind auf die Neugeborenen aufmerksam machen könnte. Zu diesen „Hygienemaßnahmen" gehört auch, daß die Mutter das Fruchtwasser von der Unterlage aufleckt, so gut es eben geht. Außerdem stellen die Nachgeburten eine hochwertige Nahrung für die Kätzin dar, ein richtiges Kraftfutter.
Bis erneut Preßwehen einsetzen und das zweite Junge geboren wird, können nur wenige Minuten, aber auch mehrere Stunden vergehen. In diesem Rhythmus geht es dann noch weiter, bis der ganze Wurf vollzählig zwischen den Beinen der Mutter liegt.

Die frischgebackene Mutter

Sind alle Kätzchen geboren und gut versorgt, kann sich die Mutterkatze endlich eine Erholung gönnen. Sie beleckt sich selbst gründlich und legt sich dann entspannt auf die Seite. Ihr Körper bildet einen Halbkreis um die Winzlinge, die sich an ihren Bauch drängen, ihre Beine hat sie leicht über die Jungen gedeckt. Ein tiefes, zufriedenes Schnurren dringt aus der Kehle der Kätzin, während die Neugeborenen zum ersten Mal an den Zitzen saugen.
Die erste Milch, die die Kätzin produziert, nennt man *Kolostrum* oder *Kolostralmilch*. Sie ist äußerst wichtig für die Katzenbabys, da sie besonders nährstoffreich ist und überdies Immunstoffe enthält, die den Katzenkindern in ihren ersten Lebenswochen einen wirksamen Schutz vor Krankheiten verleihen.

Katzen sind hingebungsvolle Mütter. Unermüdlich lecken sie ihre Jungen, damit ihr Fellchen stets samtig weich und blitzesauber bleibt. Zugleich ist es eine wohltuende Körpermassage für die Kleinen und festigt außerdem die soziale Bindung zwischen Mutter und Kind.

Immer wieder bearbeitet die Kätzin ihre Jungen mit der Zunge. Durch das Lecken von Bäuchlein und After wird reflexartig die Ausscheidung angeregt. Ohne die mütterliche Zungenmassage geht bei den Kleinen diesbezüglich gar nichts! Um das Nest sauberzuhalten, leckt die Kätzin die Exkremente ihrer Kinder sorgfältig auf, solange bis diese ihr Geschäft außerhalb des Nests erledigen können.

In den ersten Tagen nach der Geburt der Jungen verläßt die Mutterkatze das Nest fast überhaupt nicht. Höchstens wenn die Kleinen die Zitzen losgelassen haben und gesättigt in Schlaf gefallen sind, trabt sie kurz davon, um ihre Toilette zu benutzen und, falls sie Familienanschluß hat, beim Futternapf vorbeizuschauen. Auf die Jagd geht sie in den ersten 1–2 Tagen nicht, das würde zu lange dauern. Manche Katzen nehmen in dieser Zeit überhaupt nichts oder nur sehr wenig zu sich, selbst wenn ihnen reichlich Futter vor die Nase gestellt wird.

Nicht selten entschließt sich eine Katzenmutter ein paar Tage nach der Geburt, ihren ganzen Wurf in ein anderes Nest umzuquartieren, auch, wenn am Geburtsnest überhaupt keine Störung vorgekommen ist. Sie kommt dabei einem Instinkt nach, der ihr aus uralten Zeiten, bevor sie zum behüteten Haustier wurde, verblieben ist. Wildkatzen bringen häufig ihre Jungen vom Ort der Geburt weg, wohl weil der Geruch des bei der Geburt ausgetretenen Bluts und Fruchtwassers Raubtiere anlocken könnte.

„Bunte" Würfe wie dieser sind bei Katzen keine Seltenheit. Die Vererbung der Fellfarbe folgt höchst komplizierten Regeln, und wenn dann noch ein x-beliebiger Kater aus der Umgebung oder gar mehrere zugange waren… Sobald die Jungen in der Geborgenheit des Nests genüßlich nuckelnd an den Zitzen hängen, läßt fast jede Katzenmutter ein tiefes, zufriedenes Schnurren hören. Jedes der Katzenbabys entwickelt schon bald eine gewisse Vorliebe für eine ganz bestimmte Zitze und verteidigt diese „Zapfstelle" hartnäckig gegen Geschwisterchen, die es auch einmal dort probieren wollen. Beim Nuckeln bearbeiten die kleinen Vorderpfötchen den Bauch der Mutter mit rhythmischen Tritten. Diese Bewegung, der sogenannte Milchtritt, ist den Kätzchen angeboren. Sie massieren dabei das Gewebe der mütterlichen Milchleiste und stimulieren so den Milchfluß.

Neben Trinken ist in der ersten Zeit des Lebens Schlafen die Hauptbeschäftigung des kleinen Kätzchens (oben links). Doch schon die Allerkleinsten unternehmen auch jede Anstrengung, das Köpfchen zu heben und sich auf den noch dünnen Beinchen hochzustemmen (oben rechts).

Im Alter von 4 Wochen ist die Neugierde von Katzenkindern bereits grenzenlos. Der Radius ihrer Entdeckungstouren wird größer und größer. Zwar entfernen sie sich gewöhnlich nicht weit von der Mutter und den Geschwistern, aber im Eifer der Entdeckungen kann es schon einmal vorkommen, daß man den Anschluß an die Familie verliert und sich plötzlich alleine findet, wie es diesem Perserkätzchen (unten) passiert ist. Statt umherzuirren, maunzt es lauthals nach der Mutter, die diese Hilferufe über erstaunlich weite Distanzen hört – und sofort herbeieilt, das Kleine durch Lecken tröstet und dann zurückführt.

Die Neugeborenen

Katzenbabys sind, wenn sie das Licht der Welt erblicken, noch recht „unfertige" kleine Wesen. Blind und taub, zahnlos, von einem nur schütteren Fellchen bedeckt und mit noch viel zu schwachen Beinchen, liegen sie in der Nestmulde. In der Biologie werden solchermaßen hilflose Tierkinder recht unprosaisch als *Nesthocker* bezeichnet. Sie sind ganz und gar auf die Fürsorge der Mutter angewiesen, die ihnen Nahrung, Schutz und vor allem Wärme gibt. Wärme ist für die Katzenbabys überlebenswichtig. Die Thermoregulation funktioniert nämlich in den kleinen Körperchen noch nicht, d.h., sie können die Körpertemperatur noch nicht alleine konstant halten. Daher kuscheln sich Katzengeschwister beim Schlafen stets ganz eng aneinander, um sich gegenseitig zu wärmen. Kühlt ein Kätzchen aus, z.B. weil es aus dem Nest gefallen oder

versehentlich hinausgekrabbelt ist, kann das leicht den Tod bedeuten. Katzenbabys rufen deshalb durchdringend nach der Mutter, sobald sie auf irgendeine Weise aus dem Nest geraten sind und ihnen kalt wird. Die Kätzin hört diese Rufe auf eine weite Entfernung und eilt herbei, um ihr Kind wieder ins Nest zurückzutragen. Erst im Alter von 7 Wochen ist die Fähigkeit zur Regulierung der Körpertemperatur genausoweit entwickelt wie bei erwachsenen Katzen.

Die Säuglingszeit

Ein neugeborenes Kätzchen ist 10–15 cm groß und zwischen 70 und 130 g schwer. Aber es wächst rasch. In den ersten Tagen seines Lebens hängt es eigentlich nur an der Milchquelle. Obwohl die Mutter acht Zitzen zu bieten hat, drängeln sich die Kleinen meist um die hinteren. Erstens sind diese leichter zugänglich, und zweitens produzieren sie gewöhnlich mehr Milch als die vorderen Zitzen. (Bei vielen Kätzinnen bleibt das vorderste Paar sogar ganz trocken.) Bald hat jeder Katzensäugling seine Lieblingszitze, die er an ihrem Geruch erkennt und mit mehr oder weniger Nachdruck gegenüber seinen Geschwistern verteidigt.
Indem sie mit ihren kleinen Vorderpfoten den Bauch der Mutter kneten, regen die Katzenbabys den Milchfluß an.
Zwischen dem 9. und 12. Tag öffnen sich die Augen der Kätzchen. Die Augenlider, die zum Zeitpunkt der Geburt noch fest miteinander verwachsen waren, lösen sich nun langsam. Trotzdem können die Kätzchen noch nicht gleich sehen. Zumindest reagieren sie erst nach weiteren 2–3 Tagen erstmals auf eine Lichtquelle oder auf Bewegungen.
Etwa ab dem 12. Lebenstag erscheinen die Milchzähnchen, zuerst die Schneidezähne, dann die Eckzähne und schließlich die Backenzähne, wie auch bei Menschenbabys. Im Alter von 6–8 Wochen ist das Milchgebiß dann komplett.
Schon von den ersten Lebenstagen an können sich die Kätzchen mit den Vorderbeinen hochstemmen und auch kurze Stückchen voranrobben. Dabei schleift ihr dickes Kinderbäuchlein noch über den Boden. Aber schon in der zweiten Woche unternehmen die Nestkätzchen die ersten Anstrengungen, zu stehen, zu gehen oder sogar zu hopsen.

Die Mutter-Kind-Bindung

Im Gegensatz zu Augen und Ohren ist der Geruchssinn bei neugeborenen Kätzchen schon gut entwickelt. Folglich lernen sie ihre Mutter zuerst an deren persönlichem Ge-

Mit 4 Wochen sieht ein Kätzchen schon recht unternehmungslustig in die Welt. Mit wachen Sinnen erkundet es seine Umgebung. Es hat ja noch so vieles zu lernen!

ruch kennen. Ab der zweiten Lebenswoche beginnt das Gehör der Kätzchen zu funktionieren. Nun ist auch ein Stimmfühlungskontakt mit der Mutter möglich. Die Kleinen hören ihr zufriedenes Schnurren, wenn die Familie vollzählig im Nest liegt und sie ihre Kinderschar säugt. Dann ist die Welt für alle in Ordnung. Sie hören auch das lockende Gurren der Kätzin, mit dem diese ihre Kinder zum Trinken oder zur Putzstunde ermuntert. Wenn die Kätzchen größer sind, wird sie sie mit demselben Laut zu sich rufen oder auffordern, ihr bei einem Spaziergang zu folgen.

Erst, wenn die Nestkätzchen mit offenen Augen in die Welt blicken, erfahren sie auch, wie ihre Mutter und die Geschwister aussehen. Nun findet das statt, was die Biologen und Psychologen *optische Prägung* nennen: Die Kätzchen können nun ihre Mutter schon von weitem nach ihrem Erscheinungsbild von allen anderen Katzen unterscheiden. Zugleich prägt sich ihnen dabei ein, wie die eigenen Artgenossen aussehen. Schließlich müssen sie in ihrem späteren Leben ja wissen, mit wem sie sich um Revier und Rangordnung streiten und wen sie in Paarungsstimmung umwerben müssen. Das spätere Verhalten der Kätzchen anderen Katzen bzw. Menschen gegenüber ist jedoch nicht ausschließlich durch die allerersten Sinneseindrücke von der (echten oder vermeintlichen) Mutter bedingt. Es hängt auch zu einem guten Teil von Erfahrungen ab, die sie während den Wochen ihrer frühen Kindheit sammeln (siehe das Kapitel Zuhause und Unterwegs).

Die Rolle des Vaters

Die Jungenaufzucht ist bei Katzen Sache der Mutter. Bei Wildkatzen ist der Kater ja gewöhnlich gar nicht in der Nähe des Nests anwesend. Bei sozial zusammenlebenden Hauskatzen verhalten sich die Kater individuell recht unterschiedlich. Die ei-

Ein Kater, der in häuslicher Gemeinschaft mit der Mutterkatze lebt, nützt eine kurzzeitige Abwesenheit der Kätzin, um den Nachwuchs im Wurfkorb zu inspizieren. Obwohl der Kater ihnen nichts Böses will, ist den Kleinen seine Nähe sichtlich nicht geheuer.

Von den neugierigen Annäherungsversuchen der Kleinen fühlen sich Kater oft recht schnell belästigt und reagieren dann entsprechend gereizt. Als jüngste der Gruppe haben die Katzenkinder nun mal einen niedrigen sozialen Rang. Doch der Kater wird ihnen schon zeigen, wer der Herr im Haus ist!

Wenn der Mutterkatze der Nestplatz aus irgendwelchen Gründen nicht mehr sicher genug erscheint, quartiert sie ihre Jungen kurzerhand um. Wie die meisten Wildtiere kennt die Katze fast immer einige Ersatz- oder Ausweichlager. Die reflexartige Tragstarre der Jungen erleichtert den schwierigen Transport.

Wenn die Mutter gerade nicht im Nest bei ihren Jungen ist, verhalten sich die Kätzchen ganz still. Das ist ein angeborenes Schutzverhalten aus der freien Wildbahn, das oft vor Entdeckung durch Feinde bewahrt. Meist schlafen sie in dieser Zeit, eng aneinandergekuschelt.

nen nehmen den Nachwuchs mit einer kurzen Inspektion des Nests zur Kenntnis und ignorieren ihn fortan, andere machen sowohl um Nest wie später um herumtollende Katzenkinder einen großen Bogen, wieder andere übernehmen eine Art Vaterrolle, indem sie die Kleinen regelmäßig putzen und mit ihnen spielen. Es wurde sogar schon beobachtet, daß ein Kater einer säugenden Kätzin Futter ans Nest brachte, sich also im besten Sinne wie ein treusorgender Familienvater benahm.

In freilebenden Katzenrudeln verhalten sich die Kater den Jungen gegenüber tolerant und duldsam. Schließlich können sie ja nie sicher sein, ob es nicht ihre eigenen Jungen sind. Eine völlig andere Situation tritt allerdings ein, wenn ein rudelfremder Kater auftaucht und die Absicht hegt, in der ortsansässigen Katzenbevölkerung eine dominierende Rolle zu übernehmen. Dieser Kater kann sicher sein, daß er auf keinen Fall der Vater der Kätzchen ist. Ein uralter Instinkt treibt

Katzenmutter zu sein ist ein recht anstrengender „Job", der die Kätzin voll und ganz in Anspruch nimmt. Von der ersten Lebensminute ihrer Kinder an ist sie ständig beschäftigt, sie zu säubern und ihr Fell zu pflegen. Manchmal sind die Kleinen geradezu unersättlich. Einem Katzenbaby, das die Zitze partout nicht loslassen will, kann es da schon einmal passieren, daß es von der weggehenden Mutter ein Stückchen mitgeschleift wird. Erscheint der Mutterkatze der Platz des Nestes nicht mehr sicher genug, quartiert sie ihre Jungen um. Mit einem Griff um den Nacken trägt sie eines nach dem anderen zu einem neuen Plätzchen. Und wenn der Nachwuchs dann groß genug ist, um auch feste Nahrung zu fressen, geht die Mühe für die Mutterkatze erst richtig los. Dann muß sie nicht nur Beute herbeischaffen, sondern den Jungen auch Jagdunterricht erteilen. (Zeichnung)

ihn aber, sein eigenes Erbgut möglichst weit zu verbreiten, indem er viele Junge zeugt. Eine Kätzin, die gerade Junge hat, wird jedoch nicht so bald zu einer Paarung bereit sein. Wenn sie die Jungen aber verliert, kann sie einige Wochen später wieder rollig sein, und der neue Kater hat die Chance, zum Zug zu kommen. So ein ortsfremder Kater kann daher zu einer ernsthaften Bedrohung für hilflose Nestkätzchen werden. Wenn sich ihm eine günstige Gelegenheit bietet, z. B. weil die Mutterkatze gerade kurzzeitig abwesend ist, wird so mancher Kater zum Killer und beißt die fremden Jungen kurzerhand tot. Aus der Sicht des Katers ist das strategisch klug gehandelt, mögen wir Menschen darüber denken, wie wir wollen. Meist erreicht er mit seinem grausamen Schachzug das angestrebte Ziel: Nach einigen Tagen hat die Kätzin den Verlust der Jungen überwunden, und bald ruft sie wieder nach einem Kater. Wenn er sich dann „ranhält", kann er der Vater des nächsten Wurfs sein.

Genau dasselbe Verhalten, der systematische „Kindsmord" durch neu auftauchende Kater-Despoten, ist übrigens auch von Löwen und Tigern bekannt.

Vom Nestkätzchen zum Katzen-Teenager

Ab der dritten Lebenswoche werden die Kätzchen zusehends mobiler. Sie unternehmen jetzt schon kurze Ausflüge aus ihrem Nest. Im Alter von 4–5 Wochen sind ihre Sinne ausgereift und genauso leistungsfähig wie die eines erwachsenen Tiers. Die motorische Entwicklung jedoch dauert noch viel länger. Das ist bei Katzenkindern nicht anders als bei Menschenkindern. Beim Laufen, Klettern und Springen fehlt es ihnen nicht nur an Geschicklichkeit, sondern auch noch an Erfahrung. Immerhin sind die Kätzchen nun schon in der Lage, ihre Krallen einzuziehen und bei Bedarf wieder auszufahren. Bisher standen die Krallen nämlich andauernd weit heraus.

Behütet und versorgt von der Mutter, werden die Kätzchen rasch größer. Sie wachsen und wachsen und benötigen folglich auch immer mehr Nahrung. Bereits in der ersten Lebenswoche verdoppelt sich das Geburtsgewicht, bis zum Ende des ersten Monats hat es sich etwa vervierfacht. Dann, sobald die Kleinen

Es gibt kaum reizendere Tierkinder als junge Kätzchen im Entdeckeralter. Ihre unstillbare Neugierde und unermüdliche Spielbereitschaft läßt sie alles untersuchen oder ausprobieren, was sich ihnen bietet.

Laufen und Klettern üben, geht die Gewichtszunahme etwas zurück. Dennoch ist es abzusehen, daß die Mutter irgendwann nicht mehr genügend Milch produzieren kann, um alle Katzenkinder satt zu machen. Damit beginnt die Phase der Entwöhnung. Wann es soweit ist, hängt von der Größe des Wurfs sowie von der körperlichen Verfassung und dem Ernährungszustand des Muttertiers ab. Kätzinnen stecken sehr viel körperliche Energie und Reserven in die Milchproduktion. Gegen Ende der Säugezeit sehen sie dann oft buchstäblich ausgezehrt aus.

Etwa mit 4, manchmal auch erst mit 6 Wochen fangen die kleinen Kätzchen also an, auch feste Nahrung zu sich zu nehmen. Bei Katzen mit Familienanschluß begleiten die Jungen ihre Mutter einfach zum Futterschüsselchen und probieren das dort Dargereichte. Freilebende Katzenmütter bringen ihren Jungen von nun an Beutetiere von ihren Jagdausflügen mit nach Hause. Viele Kätzinnen siedeln zu dieser Zeit ihre Jungen erneut in ein anderes Nest um. War der bisherige Nestplatz nach den Kriterien der Sicherheit und Verstecktheit ausgewählt, bevorzugt die Kätzin nun einen Platz für ihre Kinder, von dem aus sie leicht auf Jagd gehen oder eine andere Futterquelle erreichen kann. Kurze Wege gehen jetzt oft vor Sicherheit.

Woche für Woche werden die Katzenkinder selbständiger. Eifrig bemühen sie sich, es beim Putzen den großen Katzen gleichzutun (oben). Doch für viele der dafür notwendigen Verrenkungen sind die Beinchen noch zu kurz, der Bauch zu dick, der Gleichgewichtssinn zu unentwickelt, und so passiert es häufig, daß sie dabei umpurzeln. Doch so leicht gibt ein Kätzchen nicht auf. Zuletzt werden sie sich alle so perfekt zu pflegen wissen wie ihre Mutter.
Wenn die Milch der Mutter allmählich nicht mehr ausreicht, die Jungen satt zu machen, ist es für sie an der Zeit, auch feste Nahrung zu versuchen (Mitte). Keine Frage, es schmeckt!
Trotzdem ist es immer wieder schön, wenn sich Mutter „breitschlagen läßt" und noch eine Milchmahlzeit spendiert (unten). Schließlich stillt das Säugen nicht nur den Hunger im Bauch, sondern auch das Bedürfnis nach Geborgenheit und Wärme.

In welchem Alter soll ein Kätzchen in ein neues Zuhause umziehen?

Sie haben für die Kinder Ihrer Katze gute Plätzchen in Ihrem Freundeskreis gefunden? Und die künftigen Besitzer fragen nun schon nach, wann sie denn ihr Kätzchen abholen dürfen? Nun ja, die Antwort ist katzenklar: Am besten nicht zu früh und nicht zu spät.

Obwohl die Umstellung von Muttermilch auf feste Nahrung bei den meisten Kätzchen mit der 8. Lebenswoche abgeschlossen ist, sollte man mit der Trennung des Kätzchens von der Mutter unbedingt noch ein wenig länger warten. Die Katzenkinder stecken noch mitten in ihrer intensiven Lehrzeit, und es gibt eben doch einiges für ein arttypisches Katzenleben Wichtiges, das ihnen kein noch so wohlmeinender Mensch, sondern einzig und allein die Katzenmutter beibringen kann.

Andererseits fällt es einem Kätzchen leichter, sich auf ein neues Zuhause mit neuen Menschen und neuen Lebensgewohnheiten einzustellen, je jünger es ist (selbstverständlich vorausgesetzt, es ist nicht mehr von der Mutter abhängig).

Den besten Zeitpunkt für den Umzug eines Kätzchens zu einer neuen Familie halte ich mit 12 Wochen für gekommen. Es wird dort vielleicht noch einen oder zwei Tage nach seiner Mutter und den Geschwistern rufen, sich dann aber voll und ganz der Erkundung der neuen Umgebung widmen. Die Mutterkatze, so gewissenhaft sie ihre Kinder betreut hat, solange diese klein waren, wird zu diesem Zeitpunkt auch nicht viel länger nach ihren Jungen suchen. Sie ist ja bereits während der Entwöhnung allmählich auf Distanz zu ihrem Nachwuchs gegangen.

An einem Baumstamm klettern, das will gelernt sein. Aufwärts geht es ja schon so einigermaßen, aber dann abwärts ... Puhhh, schwierig! 6 Wochen alt sind diese Wurfgeschwister bei ihren Kletterübungen.

Nun haben sie es also alle geschafft und sitzen auf dem hohen Ast (oben). Über den Weg zurück machen sie sich noch kein Kopfzerbrechen. Katzengeschwister bleiben in diesem Alter bei ihren aufregenden Unternehmungen fast stets nahe beieinander. Jedem (auch nur vermeintlichen) Feind sehen sie gemeinsam ins Auge. Das macht stark.

Das 9 Wochen alte Kartäuser-Kätzchen (unten) entwickelt schon eine erstaunliche Selbständigkeit. Seine Erkundungswege führen es hoch über die Dächer. Das ist für das noch unerfahrene Katzenkind nicht ganz ungefährlich. Stürze kommen in diesem Alter häufiger vor, als man glaubt, und der Stellreflex, der eine fallende Katze auf den Beinen landen läßt, entwickelt sich erst allmählich.

Der Anteil von fester Nahrung an der gesamten Ernährung der Jungkatzen nimmt nun immer mehr zu. Gewöhnlich sind die Jungen mit 8 Wochen in der Lage, ausschließlich von fester Nahrung zu leben. Das bedeutet jedoch nicht, daß die Milchquelle sogleich vollständig versiegt. Oft dürfen die Kätzchen noch eine geraume Weile bei der Mutter nuckeln, als kleine Zwischenmahlzeiten und vor allem, wenn sie Geborgenheit suchen.

Ab der 10.–12. Lebenswoche bekommen die Kätzchen allmählich ihre eigentliche Augenfarbe. Bis zu diesem Zeitpunkt sind alle Katzenbabyaugen blau, da die Iris zunächst nur sehr spärlich pigmentiert ist. Ganz abgeschlossen ist die endgültige Färbung der Iris aber erst im zweiten Lebensjahr.

Mit etwa 4 Monaten beginnt der Zahnwechsel zum bleibenden Gebiß. Spätestens im Alter von 8 Monaten ist dann auch der letzte Milchzahn durch einen bleibenden Zahn ersetzt. Nach den ausgefallenen Milchzähnchen der Katzenkinder wird man in der Regel vergeblich suchen. Sie werden ganz einfach verschluckt.

Auf dem Bauernhof oder bei freilebenden Straßenkatzen bleiben die Jungkatzen meist bis zum Alter von 6–8 Monaten bei ihrer Mutter. Dann löst sich die kleine Familie auf. Bis dahin haben die Katzen-Teenager auf zahllosen Ausflügen das Revier im weiteren Umkreis ihres Zuhauses kennengelernt. Sie haben alle Katzenmanieren gelernt und sich in die dortige Katzengesellschaft eingefügt. Kurz: Sie sind zu selbständigen Katzenpersönlichkeiten herangewachsen.

SPIELEN UND LERNEN

In ihrem unermüdlichen Spiel lernen kleine Kätzchen nicht nur ihren Körper zu beherrschen, sondern machen auch all die Erfahrungen, die ihnen helfen, gut durch ihr späteres Katzenleben zu kommen. Katzen spielen aber auch noch gerne, wenn sie erwachsen sind, und als höchst intelligente Tiere können sie auch dann noch rasch Neues lernen. Sie sind durchaus nicht die unerziehbaren Eigenbrötler, als die sie oft gelten. Eine Katze sieht nur nicht immer ein, warum sie ihren Gehorsam zu einem bestimmten Zeitpunkt unter Beweis stellen sollte.

Ein Katzenkind ist, wenn es auf die Welt kommt, mit einer ganzen Reihe angeborener Verhaltensweisen ausgestattet. Instinktiv sucht es nach den Zitzen der Mutter, ruft um Hilfe, wenn es aus dem Nest geraten ist, oder hält sich in der Nestkuhle mucksmäuschenstill, während die Mutterkatze kurz abwesend ist. Wann und warum es sich so verhalten muß, braucht es nicht erst zu lernen. Das „weiß" es einfach. Seine Instinkte, die es von den wildlebenden Urvätern ererbt hat, sagen ihm, was zu tun ist. Aber dieses angeborene „Wissen" genügt nicht, um gut durch ein ganzes Katzenleben zu kommen. Es gilt noch viel zu lernen.

Aller Anfang ist schwer

Es gibt zweierlei Arten des Lernens: Das Lernen sinnvoller Verhaltensweisen und Reaktionen durch Erfahrungen mit der Umwelt sowie das Erlernen von Bewegungsabläufen durch Übung und Training. In beiden Fächern sind kleine Kätzchen eifrige und begabte Schüler. In demselben Maß, wie ihre Muskeln stärker werden, werden die Nestkätzchen immer lebhafter. Ab der dritten Lebenswoche machen sie die ersten Gehversuche. Noch ist es aber gar nicht so einfach, immer alle vier Beine unter Kontrolle zu halten und nicht umzupurzeln. Aber dank kindlicher Ausdauer im Üben können die Kätzchen mit 6–7 Wochen schon gehen, rennen und springen wie erwachsene Katzen. In diesem Alter proben sie auch bereits schwierigere Bewegungsabläufe wie Balancieren oder

Alles, was wackelt, baumelt, läuft, kullert oder sich sonstwie bewegt und eine „handliche" Größe hat, übt auf Katzenkinder eine unwiderstehliche Anziehung aus. Christbaumkugeln, Ostereier oder Luftschlangen sind zum Spielen genauso willkommen wie kleine Ästchen, dürres Laub oder Mutters Schwanz.

Spielerisch üben die Kätzchen die verschiedenen Fertigkeiten, die sie in ihrem Leben brauchen werden: blitzschnelles Zupacken (links), geduldiges Lauern (rechts) und natürlich auch nach Katzenart Kämpfen. Schon im zarten Alter von 3 Wochen balgen sich die Wurfgeschwister im Nest (ganz rechts). Im Gegensatz zu den lautstarken Spielen junger Hunde kommt spielenden Katzenkindern nur selten ein Laut aus der Kehle, zum Beispiel dann, wenn der Spielpartner allzu grob zugepackt hat.

gar Wenden auf einer schmalen Latte. Erst im Alter von 3 Monaten aber sind die Fähigkeiten, die Beinbewegungen zu koordinieren und dabei stets das Gleichgewicht zu halten, voll ausgereift.

Bereits in den allerersten Lebenswochen beginnen die Kätzchen, sich selber das Fell zu lecken. Das sieht anfangs noch rührend ungelenk aus, klappt aber schon bald recht gut, zumindest an den leicht erreichbaren Körperstellen. Mit 6–7 Wochen wird auch bereits die Gesichtswäsche mit Hilfe der Vorderpfoten katzengerecht ausgeführt.

Sobald die Kleinen auch außerhalb des Nests herumspazieren und bereits andere Nahrung neben der Muttermilch zu sich nehmen, lernen sie, ihr Geschäft auf Katzenart zu erledigen. Im allgemeinen können die Kätzchen mit 5–6 Wochen ihre Ausscheidungen unter Kontrolle halten. Aber wohin, wenn man plötzlich dringend „muß"? Bei ihren Erkundungsgängen mit der Mutter

Gesunde, kräftige Katzenkinder haben Freude an der Bewegung – nicht anders als Menschenkinder. Das 4 Wochen alte Kerlchen hier hüpft wie ein Gummiball.

haben die Kleinen gelernt, wo das Katzenklo oder geeignete Stellen im Freiland zu finden sind. Dort scharren sie instinktiv im lockeren Untergrund und vergraben ihre Exkremente.

Spielend lernen

Von der vierten Lebenswoche an beginnen Katzenkinder zu spielen. Am Anfang stehen dabei die sogenannten „sozialen Spiele". Zunächst pfoteln sie nur zaghaft mit den Geschwistern und der Mutter, bald schon üben sie sich, bereits viel gezielter, in Tatzenhieben und im Beißen. Sobald sie sicherer auf den Beinen sind, werden ihre Spiele immer ausgeprägter und lebhafter. Es dauert nicht lange, und die Kleinen toben in Verfolgungsjagden durchs Gelände, hüpfen wie Gummibälle und kugeln in wilden Kämpfen am Boden herum.
Später, etwa ab dem Alter von 7 Wochen, nimmt die Häufigkeit der sozialen Spiele immer mehr ab, dafür gewinnen nun die „objektbezogenen Spiele" zunehmend an Bedeutung. Kleine Objekte, die sich bewegen oder mit Hilfe der Pfoten bewegen lassen, werden zu Katzenspielzeug, mögen sie nun dafür vorgesehen sein oder nicht. Findet sich einmal partout kein geeigneter Gegenstand, toben viele Kätzchen ihre Spiellust in *Leerlaufspielen* aus, d.h., sie spielen mit Dingen, die nur in ihrer Einbildung vorhanden sind. Das Kätzchen springt dabei etwa an der Wand hoch und fängt eine imaginäre Fliege, oder es treibt mit kreuzweisen Pfotenhieben irgend etwas Unsichtbares vor sich her über den Boden. Natürlich gibt auch das eigene Schwänzchen oder, noch besser, Mutters Schwanz ein prima Spielzeug ab, vor allem eines, das immer parat ist.

Vorsicht, Unfallgefahr für unerfahrene Katzenkinder!

Wenn Sie junge Kätzchen in Ihrem Haus beherbergen, sollten Sie mögliche Gefahrenstellen, so weit es machbar ist, absichern. Sehen Sie sich die Umgebung des Nests doch einmal aus der Perspektive eines Kätzchens an, und überlegen Sie, wo Sie als tollpatschiges Katzenbaby herunterfallen oder später als neugieriges Katzenkind in Gefahr geraten könnten. Unfallträchtige Stellen sind etwa Treppen mit offenen Trittstufen oder offenen Geländern, auch Brüstungen und Balkone, vor allem, wenn ein glatter Bodenbelag den Krallen des Kätzchens keinen Halt bietet. Es kommt leider gar nicht so selten vor, daß sich Katzenbabys durch unglückliche Stürze innere Verletzungen zuziehen. Erst im Alter von 4–5 Wochen ist ein Kätzchen in der Lage, seinen Körper im freien Fall so zu drehen, daß es auf den Pfoten landet.
Sind die Katzenkinder später im Entdeckeralter, gibt es für sie in einem Haushalt dieselben Gefahrenquellen wie für menschliche Kleinkinder: heiße Herdplatten, offen herumstehende Gifte und Chemikalien aller Art, Elektrokabel etc. Versuchen Sie tunlichst, Unfälle zu vermeiden, aber seien Sie sich dabei im klaren: Anbinden können Sie die Kleinen nicht.

Sinn und Zweck des Spielens

Auf die Frage, warum Tierkinder spielen, lautet die Antwort meist, daß sie damit ihre körperlichen Fähigkeiten trainieren und die nötige Geschicklichkeit erwerben, um sich später erfolgreich durchs Leben schlagen zu können. Das ist zweifellos ein wichtiger Aspekt des Spielens, aber Spielen bedeutet noch viel mehr als das.
Ein Kätzchen, das mit verschiedensten Gegenständen (oder auch Beutetieren) spielt, lernt dabei deren Eigenschaften kennen. Ein dürres Laubblatt zum Beispiel läßt sich viel leichter hochwerfen als ein Stückchen Holz. Und

wenn man dasselbe mit einem gleich großen Stein versucht, stößt man sich nur schmerzhaft die Pfote an. Ein Ästchen läuft nicht weg, während man eine Sekunde nicht achtgibt, ein Käfer dagegen verschwindet im Gras. Bei einer Maus gar kann es einem glatt passieren, daß man in die Nase gebissen wird. Wie jedes Kind hat das Kätzchen viel zu lernen, bis es sich mit den Dingen seiner Welt auskennt, und einen gut Teil davon lernt es durch sein unermüdliches Spielen.

Wie macht das bloß meine Mutter immer? Bei ihr sieht das so leicht aus, wenn sie auf den Baum hinaufklettert. Aber irgendwie muß es doch zu schaffen sein, das wäre doch gelacht! Nur nicht aufgeben …

Im Spiel mit Artgenossen oder anderen Spielpartnern erfährt es vor allem, wie diese auf seine Aktionen reagieren. So lernt es ein artgerechtes Sozialverhalten. Katzen, die ohne arteigene Spielpartner aufwachsen müssen, werden in den meisten Fällen zu sozialen Außenseitern. Andererseits lernt eine Katze, die in ihrer Kindheit viel Gelegenheit zum Spiel mit Menschen hat, eben diese Menschen beinahe genauso gut kennen und verstehen wie ihre eigenen Artgenossen. Solche Katzen werden gewöhnlich zu besonders umgänglichen Hausgenossen. Dasselbe gilt sinngemäß für Katzen, die in der Gesellschaft von Hunden oder anderen Tieren aufwachsen.

Der biologische Sinn des Spielens liegt also neben dem körperlichen Training vor allem darin, daß ein Tier dadurch ohne Gefährdung für

Leib und Leben ein Höchstmaß an Erfahrungen gewinnen kann. Spielen kennt man nur von sehr hochentwickelten Tieren wie Säugetieren und einigen Vögeln. Oft wird behauptet, die intelligentesten Vertreter dieser Tiergruppen seien diejenigen, die eine lange und behütete Kindheit haben, in der sie besonders viel spielen können. Obwohl dies nur schwer zu beweisen ist, dürfte es im Kern zutreffen. Zweifellos gehören neben den Primaten und den Walen die allgemein spielfreudigen Raubtiere, unter ihnen die Katze, zu den intelligentesten Tieren.

Die Mutter als Erzieherin

Katzenmütter haben eine große Portion Geduld. Die brauchen sie auch, denn unablässig müssen sie für ihre Jungen als Turngerät oder als Übungsobjekt für verschiedene Kampftaktiken, kurz: als verständnisvoller Spielpartner herhalten. Nur wenn es die Kleinen gar zu bunt treiben, weist die Mutter sie mit einem kurzen Fauchen oder auch einmal mit einer unsanften „Ohrfeige" zurecht.

Die Mutter hat für die Kätzchen aber auch eine wichtige Funktion als Vorbild. Neugierig und lerneifrig, wie sie nun mal sind, lernen Katzenkinder vieles, indem sie es bei erwachsenen Katzen beobachten und dann nachahmen.

Sobald die Jungen über das Nesthockerstadium hinaus sind, führt die Mutter sie regelrecht aus. Die Kätzin voran und die Kleinen mit aufgestellten Schwänzchen im Gänsemarsch hinterdrein – das ist nun eine regelmäßig zu beobachtende Szene. Man kann sich des Eindrucks nicht erwehren, daß die Kätzin ihren Jungen auf diesen immer weiter werdenden Spaziergängen alles zeigen will, was ihr wichtig erscheint. Zuweilen scheucht sie die Kinderschar aber auch mit Fauchen und Tatzenhieben zurück ins schützende Nest, dann nämlich, wenn sie vor irgend etwas erschrickt oder eine (echte oder vermeintliche) Gefahr auftauchen sieht, etwa in Gestalt eines Rasenmähers oder des Nachbarhundes. Durch solch ein Alarmverhalten entsteht in den Köpfen der Jungen schnell eine Art „Feindbild". Allerdings können Katzen in dieser Hinsicht später, als Erwachsene, durch neue Erfahrungen auch wieder umlernen. Hat eine Katze in ihrer Kindheit durch die Katzenmutter gelernt, sich vor Hunden zu fürchten, kann sie dennoch später gut Freund werden mit einem Hund.

Geschafft! Endlich oben auf dem Baum! Ein solcher Erfolg beim Klettern stärkt das Selbstbewußtsein des 6 Wochen alten Katzenkindes ganz enorm. Nur – wie kommt man wieder hinunter? Junge Katzen überschätzen ihre Fähigkeiten häufig und bringen sich damit nicht selten in brenzlige Situationen. Sogleich ertönt ein klägliches Maunzen nach der Mutter. Sie wird das Kleine vielleicht ein wenig beruhigend lecken und schließlich gurrend locken, bis es aus eigener Kraft den Rückweg geschafft hat. Unser mutiges Kätzchen hier wagt den Sprung auf den sicheren Boden auch ohne Eingreifen seiner Mutter.

SPIELEN UND LERNEN

In der spielerischen Auseinandersetzung lernen die Kätzchen, die Gestik und Mimik der Artgenossen jeweils richtig zu deuten. Wer eine solche ängstlich-ärgerliche Abwehrhaltung wie die des geduckten Kätzchens (oben links) einfach ignoriert, riskiert eine tüchtige Ohrfeige (oben rechts).

Kampfspiele (unten links) unterscheiden sich vom Ernstfall dadurch, daß sie „gebremst" verlaufen, die einzelnen Rollen mehrfach und rasch wechseln können und überdies die Kämpen sehr leicht abzulenken sind. Ein ernsthafter Kämpfer könnte es sich nicht leisten, innezuhalten und den Blick abzuwenden (unten rechts); der Gegner würde dies unverzüglich ausnützen.

Unterrichtsfach Jagdkunde

Wenn der Nachwuchs rund 4 Wochen alt ist, beginnt die Mutterkatze mit der Unterweisung in Jagdkunde. Dazu bringt sie getötete Mäuse oder andere Beutetiere nach Hause. Die Kleinen dürfen daran schnuppern und auch eine Weile damit spielen. Fressen tut die Kätzin ihre Beute zu diesem Zeitpunkt meist noch selbst. Die Jungen

Um ein arttypisches Sozialverhalten zu entwickeln, ist es für die Kätzchen enorm wichtig, ein angemessenes Rollenverhalten im Spiel zu üben. Imponieren, Drohen, Angreifen, sich Unterwerfen, aber auch dem unterlegenen Gegner gegenüber Fairneß walten zu lassen, das lernt man am leichtesten im Spiel mit den Wurfgeschwistern.

holen sich höchstens kleine Häppchen, kauen darauf herum und verschlucken sie schließlich, wohl weniger vor Hunger (sie werden ja noch gesäugt) als aus Neugierde und weil sie das Vorbild der Mutter nachahmen.

Zwei Wochen später dann schleppt die Kätzin die erste lebende Maus an. Gurrend läßt sie einen ganz speziellen „Maus!"-Ruf ertönen, auf den hin die Jungen sofort herbeieilen. Es folgt eine ausführliche Demonstration, wie man mit einer Maus umgeht und wie man reagieren muß, wenn diese wegrennt oder sich wehrt. Die Kätzin läßt die Maus los und fängt sie wieder ein, läßt sie wieder los, springt nach ihr, hält sie fest, spielt ein wenig. Es ist ein regelrechter Anschauungsunterricht. Wie man sich leicht vorstellen kann, hält das die Maus nicht allzu lange durch. Sobald ihre Bewegungen ermüden, wagen sich auch die Jungkatzen heran, die mutigeren voran. Unter der Aufsicht der Mutter, die notfalls eingreift und die entwischende Maus zurückfängt, belauern die Katzenkinder das Opfer, stupsen es vorsichtig mit der Pfote an und zucken erschrocken zurück, wenn die Maus sie mit aggressivem Quieken angreift. Aber die Katzenschüler werden rasch immer selbstsicherer, und schließlich packt eines der Kätzchen beherzt zu. Prompt macht es Bekanntschaft mit den scharfen Zähnen des Opfers. Autsch! – losgelassen – und weg ist die Maus! Das Kätzchen ist gewarnt und hat gelernt, daß Beutetiere kein Spielzeug sind, sondern wehrhafte, ernstzunehmende Gegner. Vorsicht wird ihm von nun an zur zweiten Natur.

So bringt die Mutter eine Maus um die andere zum Üben herbei. Es bedarf vieler Schulstunden, bis die Katzenkinder die nötigen Fähigkeiten entwickelt haben, um die

Für einen älteren, ruhebedürftigen Artgenossen kann ein Katzen-Teenager mit seinen unablässigen Aufforderungen zum Spiel zu einem rechten Plagegeist werden.

Erlegte Mäuse und Vögel vor der Haustür – muß das sein?

Sie wollen eine junge Katze zu sich nehmen, können sich aber nur schwer mit dem Gedanken abfinden, daß Sie sich damit ein Raubtier ins Haus holen? Dann sollten Sie bei der Auswahl des Kätzchens darauf achten, daß es entweder in einer Wohnung ohne Auslaufmöglichkeit aufgewachsen ist oder seine Mutter eine Katze ist, die nicht jagt. Die Jagderfahrungen, die eine junge Katze bis etwa zur 16.–20. Lebenswoche macht, entscheiden nämlich weitgehend darüber, ob sie zum Beutejäger wird oder nicht und welche Beutetiere sie bevorzugen wird.

Halten Sie es aber auf keinen Fall für garantiert, daß der Sprößling genauso wird wie seine Mutter. Katzen, ich kann es nur immer wieder betonen, sind ausgesprochene Individualisten. Manche sind die reinsten Autodidakten und lernen auch noch in fortgeschrittenem Alter im „Selbstunterricht", was andere im zarten Kätzchenalter von ihrer Mutter beigebracht bekamen. Wenn Sie also eine tote Maus unter keinen Umständen auf Ihrem Teppich vorfinden wollen, sollten Sie es sich wirklich noch einmal überlegen, ob ausgerechnet eine Katze das geeignete Haustier für Sie ist.

Umgekehrt gilt natürlich, daß jemand, der eine Katze zum Zwecke der Mäusedezimierung halten möchte, tunlichst eine Jungkatze auswählen sollte, von der man weiß, daß sie von ihrer Mutter im Mäusefang gut geschult wurde.

Beute fachgerecht und sicher zu fangen. Zwar müssen sie die einzelnen Bewegungselemente des Beutefangs, wie Lauern, Anschleichen, Anspringen und mit den Pfoten Packen, nicht erst erlernen. Sie sind ihnen angeboren, und die Kätzchen haben sie im Spiel schon tausendmal geübt. Was sie dagegen lernen müssen ist, die Reaktionen des Opfers richtig einzuschätzen und sich entsprechend zu verhalten. Und noch etwas Wichtiges müssen sie lernen: den Tötungsbiß anzubringen, nachdem sie die Beute gefangen haben. Dazu muß ein Kätzchen erst einmal seine angeborene Beißhemmung überwinden. Diese Beißhemmung verhindert, daß es im Spiel mit den Geschwistern, bei dem auch der richtige Ansatz des Nackenbisses geübt wird, zu ernstlichen Verletzungen kommt. Bei der Beutejagd wächst die Erregung jedoch mit dem Fortgang des Kampfes so stark an, daß das Kätzchen in der Hitze des Gefechts irgendwann ernsthaft zubeißt und damit die Maus tötet. Dies ist eine Art Schlüsselerlebnis für die junge Katze. Von nun an ist sie ein Mäusejäger (siehe das Kapitel Jagd und Beutespiel).

Teils durch eigene Erfahrungen, teils durch Lektionen seitens der Mutter lernen die Jungkatzen auch, was es außer Mäusen sonst noch Freßbares zu fangen gibt – und wovon man besser die Pfoten lassen sollte. Bienen, die über die Wiese brummen und so leicht mit der Pfote zu angeln sind, können verflixt schmerzhaft stechen. Spitzmäuse schmecken scheußlich. Ratten geben zwar eine ergiebige Mahlzeit ab, sind aber wirklich gefährliche Gegner. Auch wenn die Mutter eine erfahrene Rattenjägerin ist, wird sie ihren Jungen keine Ratte lebend vor-

Gut, daß Mutter bei den frühen Ausflügen ins Freie immer dabei ist und aufpaßt, ob in der Umgebung Gefahren lauern.

setzen, solange diese nicht selber ausreichend Jagderfahrung haben, um im Kampf gegen das wild angreifende Nagetier nicht böse verletzt zu werden. Bei wissenschaftlichen Untersuchungen zur Entwicklung des Beutefangverhaltens bei jungen Katzen wurde mehrfach sogar eine übertriebene Vorsicht der Katzenmütter beobachtet: Die Jungen waren erwiesenermaßen bereits fähig, selber Ratten zu töten. Waren die Mütter jedoch anwesend, duldeten diese nicht, daß ihre Jungen die Ratten jagten. Stets fuhren sie dazwischen und erledigten die gefährliche Aufgabe selbst.

Die Spiele erwachsener Katzen

Wenn die Kindheit der Katze zu Ende geht, hört ihr Spielen nicht einfach auf. Zwar nimmt es an Häufigkeit stark ab, viele Katzen spielen aber Zeit ihres Lebens gern. Dabei ist die Bandbreite nicht anders als bei den Menschen: Die einen werden notorisch ernsthaft, die anderen bleiben verspielte Kindsköpfe. Wie häufig eine erwachsene Katze spielt, hängt aber nicht nur von ihrem Temperament ab, sondern vor allem auch von ihren Lebensumständen. Spielen vermag Zeitspannen auszufüllen, die nicht von anderen, lebensnotwendigen Beschäftigungen ausgefüllt

Wenn die Jungen groß genug sind, um das schützende Nest für einige Zeit verlassen zu können, nimmt die Mutterkatze sie auf kleinere Ausflüge ins Gelände mit. Die Kätzin geht voran, und die Jungen folgen mit aufgestellten Schwänzen im Gänsemarsch (oben).
Wenn Mutter Beute gemacht hat, sind die Jungen kaum noch zu bremsen. Doch müssen sie gelegentlich auch zusehen, wie ihre Mutter die Maus für sich selbst beansprucht (Mitte).
Die Jungen halten wenig von einer erholsamen Rast. Sie suchen einen Zeitvertreib. Da muß eben Mutter als Spielgerät fungieren, ob sie nun will oder nicht (unten).

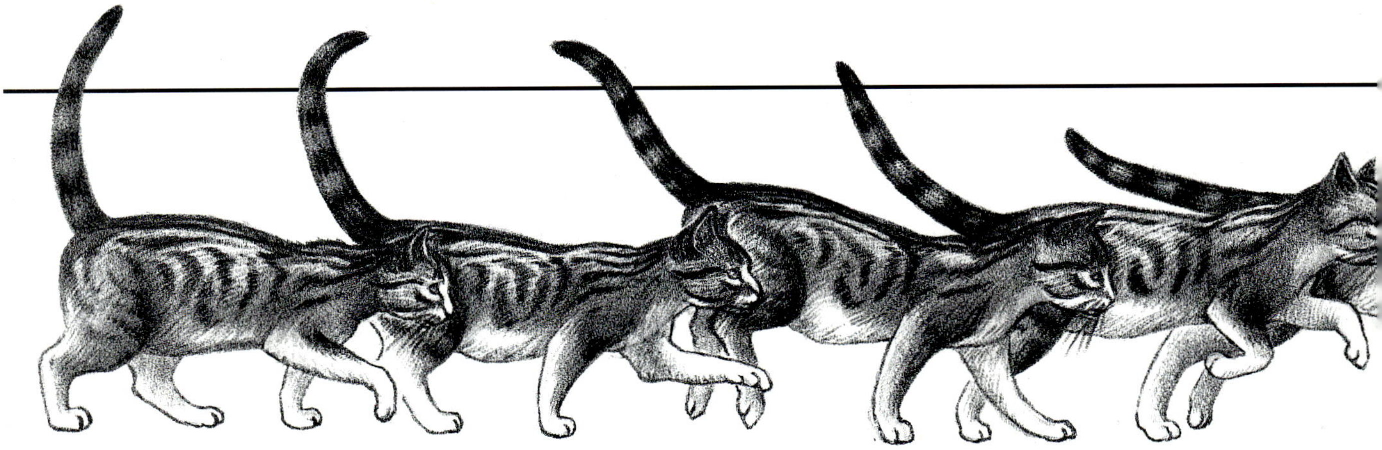

Katzen schlafen zwar viel, wenn sie aber wach sind, haben sie einen enormen Bewegungs- und Beschäftigungsdrang. In einer häuslichen Umgebung, in der sie für ihren Lebensunterhalt nicht zu jagen brauchen, spielen sie eben. Da gibt es Rennspiele, bei denen die Katze aus dem Stand heraus lossprintet, als ginge es um ihr Leben (Zeichnung), Geschicklichkeitsspiele, bei denen es etwa gilt, eine baumelnde Schnur zu erhaschen, Kampfspiele, bei denen ein Teppich die Rolle des Gegners übernimmt, und schließlich auch reines Neugierverhalten, wenn zum Beispiel Schubladen geöffnet und untersucht werden.

sind. Man weiß von zahlreichen Zootieren, daß sie im Vergleich mit ihren wildlebenden Artgenossen viel mehr Zeit mit Spielen verbringen. Wildtiere müssen ihre verfügbare Kraft und Zeit vor allem für den Nahrungserwerb, die Verteidigung ihres Territoriums, jahreszeitliche Wanderungen oder die eigene Absicherung vor Freßfeinden aufwenden. Bei behüteten und bestens versorgten Hauskatzen ist das etwas anderes. Sie können sich jederzeit ein Spielchen leisten, oft brauchen sie es regelrecht. Spielen gibt ihnen Gelegenheit, nicht ausgelebte Triebe abzureagieren. Das typische Spiel besteht ja zu großen Teilen aus Instinkthandlungen

oder Bruchstücken davon. Vom „Ernstfall" unterscheidet es sich nur dadurch, daß die Teilhandlungen sprunghaft wechseln können und oft unzählige Male wiederholt werden, ohne daß ein „Ziel" damit erreicht wird.
Viele Katzen spielen gern Fangen, mit ihresgleichen ebenso wie mit menschlichen Spielpartnern. Da wird breitseits gedroht, geflüchtet, verfolgt und gebalgt. Aber auch für einen Menschen ist dabei mühelos erkennbar, daß das alles nicht ernst gemeint ist. Die Krallen bleiben drin, die Bisse sind nur angedeutet. Ein beliebtes Spiel ist auch der „Nahkampf" mit den Hinterbeinen. Es entspricht einem Element des typischen Katerkampfes, bei dem einer der Rivalen am Boden lie-

Das Wollknäuel, dieses uralte und ewig junge Katzenspielzeug, hat immer Saison und ist bei großen und kleinen Katzen gleichermaßen beliebt.

Katzenspiele in der Wohnung

Legen Sie regelmäßig eine „Spielstunde" mit Ihrer Katze ein. Das hält nicht nur die Katze jung und fit, es wirkt auch wohltuend entspannend auf Sie, Sie werden sehen. Außerdem wird auch die lebhafteste Katze irgendwann des Spielens müde. Man kann also mit einem kontrollierten Spielprogramm die Katze weitgehend von selbsterdachten Spielen abhalten, die sich eher destruktiv auf die Wohnungseinrichtung auswirken. Vor allem reine Wohnungskatzen lassen gerne irgendein kleineres Objekt in ihrer Phantasie zur interessanten Jagdbeute werden und beschleichen es mit vor Aufregung zitterndem Schwanz. Den abschließenden, wie immer mit bewundernswerter Präzision ausgeführten Beutesprung überstehen so manche Nippes dann leider nicht unbeschadet. Die Katze braucht eben ein Ventil, um ihren aufgestauten Jagdtrieb irgendwie loszuwerden. Bieten Sie ihr eines! Es muß durchaus keine teure, fellüberzogene und quietschende Spielmaus aus dem schicken Geschäft für Katzenaccessoires sein. Eine Garnrolle, das berühmte Wollknäuel oder ein Tennisball tun es auch. Ein Lieblingsspiel meines Katers ist, einen locker zusammengeknüllten Bogen Papier zu „bearbeiten". Nachdem er ihn ausführlich mit strampelnden Hinterbeinen bekämpft hat, zerkleinert er ihn gewissenhaft mit Pfoten und Zähnen. Er sieht seine Aufgabe als erfüllt an, wenn das Papier in Konfettigröße über den Teppich verteilt ist. Ich hole schon jedesmal zugleich mit dem Papier auch den Staubsauger.

Eine Katze, die mit der Transportbox unangenehme Erinnerungen verknüpft, etwa den Besuch beim Tierarzt, wird sich fortan nach Kräften dagegen sträuben, erneut in dieses Behältnis gesteckt zu werden.

gend den anderen mit den Vorderbeinen umklammert und gleichzeitig mit strampelnden Hinterbeinen dessen Bauch bearbeitet. In der Wohnung übernimmt dann eben ein Sofakissen, Pullover oder Teddybär die Rolle des Gegners.

Größtenteils aber entstammen die Spielhandlungen erwachsener Katzen dem Verhaltensrepertoire der Jagd und des Beutefangs (siehe das Kapitel Jagd und Beutespiel). Vor allem reine Wohnungskatzen spielen, mangels echter Jagdmöglichkeiten, oft mit Ausdauer und Begeisterung Jagdspiele – meist sehr zum Vergnügen ihrer Halter. Sie sausen hinter Gummibällen her, angeln Wollknäuel unterm Schrank hervor und werfen Spielmäuse in die Luft wie Zirkusjongleure, um sie im selben Moment mit den Pfoten wieder zu fangen. Das sind lauter Bewegungselemente des Beutefangs, die allen Katzen angeboren sind. Genau betrachtet, sind es drei unterschiedliche Fangtechniken für verschiedene Beutetiere: erstens für den Mäusefang (anspringen, festhalten, totbeißen), zweitens für die Vogeljagd (hoch in die Luft springen, die Beute mit den Vorderpfoten herunterangeln) und, man staunt, für den Fischfang. Am Teich draußen schlägt die Katze dabei mit der Pfote blitzschnell ins Wasser und schleudert den Fisch über ihre Schulter aufs Trockene. Dann wendet sie sich rasch um und springt ihn wie eine „normale" Bodenbeute an. Wenn auch die wenigsten Katzenbesitzer ihre Katze schon in natura beim Fischefangen beobachtet haben, kennen doch die meisten das entsprechende Verhalten ihres Stubentigers aus dessen Spielstunde.

Übrigens beherrschen nicht wenige Katzen die Kunst des Apportierens ebenso gut wie ein Hund (nur eben selten auf Kommando, sondern immer dann, wenn sie gerade spielen wollen) und schleppen ihr Spielzeug an, damit der Mensch es werfe oder rollen lasse. Ein anderes Spiel, das die meisten Katzen begeistert, ist das mit raschelndem Seiden- oder Packpapier. Die einen verstecken sich darunter, die anderen wollen, daß man damit herumraschelt, damit sie es dann belauern und anspringen können.

Katzenintelligenz

Wissenschaftlich gesehen, sind Intelligenz, Lernen und Gedächtnis Phänomene, die noch voller Rätsel stecken. Trotz weltweiter intensiver Hirnforschung wissen wir heute immer noch nicht, was eigentlich beim Lernen im Nervensystem geschieht oder in welchen Gehirnstrukturen das Gedächtnis seinen Sitz hat. Zweifellos aber spielen Intelligenz- und Lernleistungen im Leben zumindest aller hochentwickelten Säugetiere eine große Rolle. Bei diesen Tieren umfassen angeborene Verhaltenselemente in der Regel nur kurze Bewegungsfolgen, die dann durch Lernen in verschiedener Weise zusammengeschaltet und an die jeweilige Situation sinnvoll angepaßt werden. Wir dürfen

Manche Katzen lernen sogar, daß in der Welt der Menschen auch Mäuse, ihre natürliche Beute, für sie tabu zu sein haben (oben links).

Katzen mit Familienanschluß begreifen rasch, daß auch kleinere Vierbeiner als Familienmitglieder zu betrachten sind – und allein deshalb nicht gefressen werden dürfen (oben rechts).

Eine Katze lernt rasch, sich auf gewisse Regelmäßigkeiten einzustellen. Pünktlich sitzt sie dann zum Beispiel jeden Morgen Schlag sieben vor der Haustür und wartet auf Einlaß (unten links).

Die Bauernhofkatze hat längst gelernt, wann Melkzeit ist, und sitzt in Erwartung ihrer Milchration an der Stalltür (unten rechts).

Wie läßt sich eine Katze am besten erziehen?

Am leichtesten geht es, solange die Katze noch jung ist. Was Hänschen nicht lernt, lernt Hans zwar allemal noch, aber meist nicht mehr so schnell und mühelos. Wichtig ist in jedem Fall eine klare Abgrenzung dessen, was man erlaubt und was nicht, und eine eiserne Konsequenz in der Einhaltung der einmal gesetzten Regeln. Wer seiner Katze monatelang verbietet, auf den Eßtisch zu springen, und es eines Tages aus Gründen der Höflichkeit duldet, daß ein unbesonnener Gast sie von seinem Teller füttert, kann zugleich seine bisherigen Erziehungserfolge in den Wind schreiben. Und, um ein weiteres Sprichwort zu mißbrauchen: Vertrauen ist gut, Kontrolle bei Katzen das einzig Zuverlässige! Wenn die Sahnetorte bereits auf dem Kaffeetisch steht, während Sie mit den Gästen noch im Flur plaudern, dazu alle Türen offen stehen – nun ja, dann sind Sie selber schuld.

Als probate Erziehungsmittel für Katzen haben sich die erhobene menschliche Stimme, die ein klares „Nein!" ausspricht, ein hartes Händeklatschen sowie, als drastischere Maßnahme, eine Wasserpistole bewährt. All dies macht einer Katze rasch klar, daß sie das, was sie gerade treibt, tunlichst unterlassen sollte – vorausgesetzt, die Strafaktion erfolgt unmittelbar, d.h., noch während des mißliebigen Benehmens der Katze. Der Strahl einer Wasserpistole hat den Vorteil, daß er über einige Entfernung wirkt und die Katze deshalb den scheußlichen, plötzlich einsetzenden Regen nicht mit Ihnen, sondern etwa mit dem Blumentopf, in dem sie gerade verbotenerweise gescharrt hat, in Verbindung bringt. Strafen Sie Ihre Katze nicht, indem Sie nach ihr schlagen, auch nicht mit einer zusammengefalteten Zeitung oder einer ähnlichen Waffe. Sie machen die Katze auf Dauer damit handscheu.

Erwünschte Verhaltensweisen verstärken Sie am besten mit viel Lob, mit ausgiebigem Streicheln oder sogar mit ein paar Häppchen zum Knabbern. Letztere sollten Sie aber mit Rücksicht auf die schlanke Linie Ihrer Katze streng dosieren.

den Begriff „Intelligenz" bei Tieren aber nicht einfach mit unserer „Klugheit" gleichsetzen. Tiere können keine mathematischen Formeln lösen und keine theoretischen Gedankengebäude konstruieren. Sie haben vielmehr das, was man eine „praktische Intelligenz" nennt, d.h., sie können Zusammenhänge begreifen, Erfahrungen im Gedächtnis speichern und praktikable Lösungen finden, etwa wie sie Hindernisse umgehen, sich aus einer Klemme retten oder das erreichen können, was sie begehren. Mit anderen Worten befähigt sie ihre Intelligenz, unter den unterschiedlichsten Bedingungen zu überleben. In der Natur ist ein „dummes" Tier ebenso lebensuntüchtig wie ein blindes oder lahmes. Als Raubtier, dessen Beutetiere nicht nur flink, sondern auch wachsam sind, braucht die Katze besonders viel taktische Intelligenz. Sie ist nicht nur als Jungtier, sondern

Wer Freude an Dressuren hat, kann seiner Katze leicht einige Kunststückchen, zum Beispiel „Männchen machen", beibringen. Katzen begreifen rasch, was ihr Menschenfreund von ihnen erwartet.

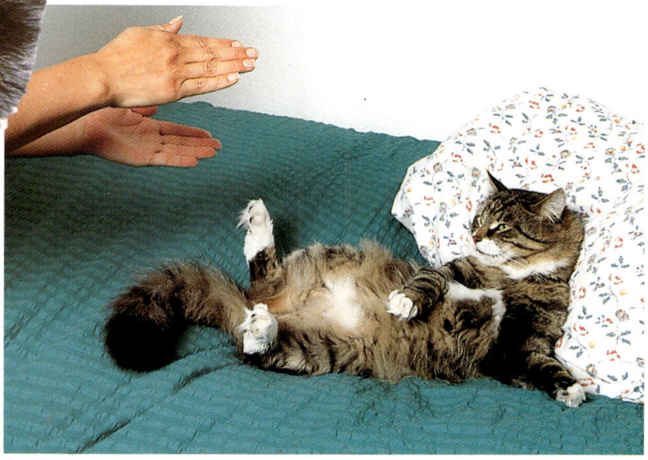

auch noch als Erwachsene in hohem Maße lernfähig. Katzen lernen dabei nicht nur, wie viele andere Tiere, nach dem Prinzip von Versuch und Irrtum, sondern auch durch bloßes Zugucken. Hat eine Katze die Gelegenheit, eine Hausgenossin dabei zu beobachten, wie diese durch Hochspringen Türklinken öffnet, lernt sie (meist zum Leidwesen ihres Halters) denselben Trick viel eher, als wenn sie von alleine daraufkommen müßte.

Erziehung und Gehorsam

Es ist ein weit verbreitetes Gerücht, daß eine Katze nicht erziehbar sei. Warum sollte gerade die Katze mit ihrer hohen Lernfähigkeit nicht begreifen, wie sie sich zu verhalten hat, wenn sie mit Menschen zusammenlebt? Als kleines Kätzchen hat sie es ja auch kapiert, als ihr ihre Mutter die Grundregeln im Umgang mit Artgenossen sowie gebührliche Katzenmanieren beigebracht hat. Wir müssen der Familienkatze nur auf deutliche und konsequente Art verständlich machen, welche Spielregeln nun, im Zusammenleben mit ihrer Menschenfamilie, Gültigkeit haben. Eine unerzogene Katze ist eigentlich stets nur Ausdruck der (katzen)pädagogischen Unfähigkeit ihres Halters – oder seiner zu hohen oder unrealistischen Erwartungen.

Wie gesagt, Katzen lernen leicht, was erlaubt ist und was nicht, sie sehen nur nicht immer ein, warum sie diese Gebote befolgen sollen. Im Beisein des Menschen, dieser dominierenden „Überkatze" im häuslichen Territorium, ist es sinnvoll, sich dessen Wünschen zu fügen und eben nicht an der Gardine zu schaukeln oder auf dem Tisch herumzuspazieren. Die meisten Katzen gehen Konflikten am liebsten aus dem Weg. Aber wenn dieser Mensch doch gerade gar nicht anwesend ist...

Katzenerziehung will durchdacht sein. Übertriebene Reaktionen können Katzen so verschrecken, daß sie eher Angst bekommen, statt sich die Unsitten abzugewöhnen.
Fast jede Katze wird zum Gelegenheitsdieb, wenn der Sonntagsbraten duftet. Mit einer aufgeschnittenen Zwiebel, Knoblauchzehe oder Zitrone, die man ihr vor die Nase hält, wird ihr selbst der schönste Braten gründlich verleidet.
Um eine Katze von einem Platz zu verscheuchen, genügt in der Regel ein knallendes Händeklatschen oder scharfes „Nein!". Als besonders wirkungsvolle Erziehungsmittel erweisen sich immer wieder Wasserpistole oder Sprühflasche.
Doch eines gilt für alle Bestrafungen: Sie müssen noch während der Übeltat erfolgen, nicht erst im nachhinein. Sonst kann die Katze den Zusammenhang nicht erkennen.

KATZENVERHALTEN

JAGD UND BEUTESPIEL

Von allen Raubtieren sind Katzen die perfektesten Jäger. Mit scharfen Sinnen, einem unglaublich wendigen Körper und blitzschneller Reaktionsfähigkeit stellen sie ihrer Beute nach. Vor allem Katzen, die nur selten Gelegenheit haben zu jagen, spielen oft lange mit dem Beutetier, bevor sie es mit einem gezielten Biß ins Genick töten. Auf diese Weise reagieren sie ihren aufgestauten Jagdtrieb ab.

Die Katze fängt Mäuse, und zwar nicht wenige! Das ist wohl der ursprüngliche Grund, warum sie als Haustier bei den Menschen lebt. Durch Zuchtauswahl hat der Mensch bis heute zwar die verschiedensten Rassen und Farbschläge geschaffen, das natürliche Jagdverhalten der Katze ist jedoch über all die Jahrhunderte hinweg weitgehend unverändert geblieben. Die Katze ist und bleibt ein Raubtier. Dessen sollte man sich stets bewußt sein, wenn man sein Heim mit solch einem leisepfotigen Jäger teilt.

Der Jagdtrieb

Das Jagdverhalten ist der Katze angeboren. Die dafür nötigen Bewegungselemente lernt und übt schon das kleine Kätzchen, und zwar ganz ohne fremde Anleitung. Und zeit ihres Lebens ist die Katze dann durch einen inneren Antrieb gezwungen, diese Bewegungsabläufe anzuwenden – nötigenfalls auch ohne den passenden Anlaß dafür.
Gewisse Wahrnehmungen lösen zwingend ein Verfolgen und Fangen aus. Ein solcher Auslöser, auch Schlüsselreiz genannt, ist meistens die rasche Bewegung eines kleineren Gegenstandes am Boden, sei es ein Papierball oder eine Maus, in Reichweite der Katze. Da muß sie einfach danach springen!
Bietet sich der Katze für längere Zeit kein passender Auslöser, fängt sie an, nach Ersatz zu suchen. Das Objekt braucht dann nicht mehr Mausgröße zu haben, es genügt auch eine Fliege. Und statt nach einem bewegten Gegenstand am Boden springt sie nach einem Uhrpendel oder einem baumelnden Ei am Osterstrauß. Kann die Katze über noch längere Zeit ihren Jagdtrieb nicht ausleben, sieht man sie imaginäre Vögel erhaschen oder unsichtbare Luftmäuse fangen. Solche *Leerlaufhandlungen* dienen nur dazu, den angestauten Jagdtrieb irgendwie loszuwerden.

Der Jagdtrieb ist vom Sättigungsgrad der Katze übrigens völlig unabhängig. Springt eine Wohnungskatze nach ihrer Spielzeugmaus, bedeutet das keineswegs, daß sie Hunger hat und schleunigst gefüttert werden muß. Man kann auch durch reichliches Füttern seiner Katze nicht verhindern, daß sie, sobald sie Auslauf bekommt, „echte" Beute jagt. Umgekehrt tun Landwirte nicht gut daran, ihre Katzen nicht zu füttern, damit diese möglichst viele Mäuse fangen mögen. Wohlgenährte, satte Katzen streifen nämlich auf Beutesuche nicht so weit umher wie ausgehungerte Streuner, sondern fangen ihre Mäuse eher in der unmittelbaren Umgebung von Haus und Scheune – und zwar nicht mehr und nicht weniger als mit leerem Magen.

Es bedarf nicht nur einer exzellenten Körperbeherrschung, sondern auch einiger Erfahrung, um so einen flinken Nager zu erwischen. Junge Katzen trainieren ihre Fähigkeiten zunächst an Mäusen, die ihnen ihre Mutter als Übungsobjekte von Jagdausflügen mitbringt.

Hindernisse wie so ein schmaler Bachlauf sind für eine jagende Katze kein Problem. In einem eleganten Satz springt sie einfach darüber hinweg. Mit der enormen Schnellkraft ihrer Hinterbeine sind Katzen in der Lage, aus dem Stand etwa 1,20 m weit und bis zu 2 m hoch zu springen.

Die Wendigkeit und verblüffende Körperbeherrschung der Katze wird besonders deutlich, wenn sie tatsächlich einmal irgendwo herunterfällt: Fast immer landet sie auf allen Vieren. Beim Drehen des Körpers in die richtige Position dient der Schwanz als Steuerhilfe und der in der letzten Phase des Sturzes gekrümmte Rücken mindert den Aufprall.

Jagdzeiten

Die wilden Vorfahren unserer Hauskatze waren vorwiegend in der Dämmerung und Dunkelheit aktiv, ebenso wie es ihre wilden Verwandten sind. Für die domestizierte Katze gilt das nicht mehr im selben Maß, sie ist verstärkt auch tagsüber auf den Beinen – und auf der Jagd. Rund 50 % ihrer Beute fangen unsere Katzen am hellichten Tag, etwa 20 % in den Stunden der Morgen- und Abenddämmerung und (nur!) etwa 30 % während der Nacht. Im Sommer allerdings meiden sie die heißen Tagesstunden für eine so anstrengende Tätigkeit wie das Jagen und weichen tatsächlich auf die kühlere Nacht aus. Im Winter ist es umgekehrt. Dann jagen die meisten Katzen am Nachmittag, wenn es am wärmsten ist.

Es fällt auf, daß viele Katzen während eines leichten Nieselregens oder unmittelbar nach einem Wolkenbruch auf die Pirsch gehen. (Mit der sprichwörtlichen Wasserscheu von Katzen ist es also nicht so weit her!) Welcher Umstand die Katzen in die tropfnasse Flur treibt, wissen wir nicht. Möglicherweise sind dann die Beutetiere weniger aufmerksam.

Körperliche Voraussetzungen

Die wichtigsten Voraussetzungen für einen Jäger sind scharfe Sinne, um seine Beute aufzuspüren, und eine gute Körperbeherrschung, um sie verfolgen und überwältigen zu können. Beides hat die Katze zur Genüge. Schon im guten alten „Brehms Tierleben" steht zu lesen: „Jede ihrer Bewegungen zeugt von ebenso viel Kraft wie anmutiger Behendigkeit." Die Fähigkeit einer Katze, bei einem Sturz jedesmal auf ihre vier Pfoten zu fallen, ist geradezu sprichwörtlich. Sie schnellt mit unglaublicher Sprungkraft vom Boden hoch, klettert Bäume senkrecht nach oben wie ein Mensch mit Steigeisen (nur viel schneller), balanciert mit eleganter Sicherheit auf schmalen Balken oder Ästen und vollführt die weitesten Sprünge mit verblüffender Zielsicherheit. Ihre parallel nach vorne

Eine Katze kann sich durch unglaublich enge Spalten quetschen. Wo der Kopf durchpaßt, läßt sich auch der übrige Körper hindurchzwängen.

gerichteten Augen ermöglichen ihr ein gutes räumliches Sehen, Voraussetzung für ein präzises Taxieren von Entfernungen. Die im Tierreich einmalige Fähigkeit, die Krallen einziehen und ausstrecken zu können, gibt der Katze weitere unschätzbare Vorteile für die Jagd. (Mehr über diese anatomischen Besonderheiten im Kapitel Abstammung und Tierart.)

Doch trotz perfekter Ausstattung ist die Jagd für die Katze ein mühsames Geschäft. Nur etwa jeder vierte Fangversuch endet erfolgreich. Und Mäuse, die hauptsächliche natürliche Nahrung der Katze, sind jedesmal nur ein kleiner Happen für die Jägerin. Rund zwölf Stück braucht sie jeden Tag davon, wenn sie sonst nichts weiter bekommt.

Der Ablauf der Jagd

Alles fängt damit an, daß die Katze ein Geräusch wahrnimmt, das sie interessiert aufhorchen läßt: ein leises Rascheln im Laub etwa, das Tippeln von Mäusepfötchen oder ein hohes, wisperndes Piepsen. Die beweglichen Ohren der Katze wenden sich hin und her. Sie versucht die Richtung, aus der das vielversprechende Geräusch kommt, genau zu bestimmen und starrt dann gebannt dorthin.

Anpirschen und Zielsprung

Hat die Katze das Beutetier in einiger Entfernung entdeckt, läuft sie geduckt, aber ziemlich rasch darauf zu. Dabei

Das Fehlen von Schlüsselbeinen, die bei anderen Tieren die Schulterblätter mit dem Brustkorb verbinden, ermöglicht es der Katze, ihre Vorderbeine auch zu den Seiten hin frei zu bewegen. Beim Klettern ist das ein unschätzbarer Vorteil, kann doch die Katze dadurch einen Baumstamm regelrecht „umarmen".

JAGD UND BEUTESPIEL

Anschleichen, sich ducken, ein schneller Satz – und schon hat sie die Maus! Und dann nur nicht wieder entwischen lassen!

nutzt sie jede Deckung im Gelände. Auf einige Meter herangekommen, hält sie unvermittelt an und nimmt eine typische Lauerstellung ein: Den Bauch am Boden, die Beine unter dem Körper stark angewinkelt, den Kopf weit vorgereckt und die Ohren aufmerksam nach vorn gerichtet, so verharrt sie regungslos. Nur die Schwanzspitze zuckt gelegentlich und verrät die äußerste Anspannung. Minutenlang kann die Katze in dieser Stellung ihre Beute beobachten. Erscheint ihr die Entfernung für einen Angriff noch zu groß, startet sie zu einem zweiten „Schleichlauf" oder pirscht äußerst langsam und vorsichtig Schritt für Schritt näher heran. In einer geeigneten Deckung bezieht sie dann erneut Lauerstellung. Schließlich bereitet sie sich auf den Absprung vor, indem sie die Hinterbeine langsam weiter nach vorn schiebt und mit den Hinterpfoten leichte, rhythmische Trittbewegungen andeutet. Die Katze erinnert dabei an einen Leichtathleten, der kurz vor dem Anlauf zu einem Weitsprung auf der Stelle tänzelt.
Dann schnellt die Katze plötzlich los. Nur selten (zum Beispiel in hohem Gras) ist es ein einziger, mächtiger Satz, mit dem sie ihr Opfer anspringt. Meist schießt sie rennend darauf zu. Den letzten Sprung setzt eine jagderfahrene Katze so kurz an, daß sie mit den Vorderpfoten die Beute erreichen und packen kann, während die Hinterfüße nicht mehr vom Boden abheben. So kann sie noch während des Ansprungs die Richtung korrigieren oder den Satz verlängern und dadurch Ausweichbewegungen der Beute folgen. Breit gespreizt stemmen sich die Hinterbeine sodann ein und bremsen den Schwung ab. Sie geben der Katze die notwendige Standfestigkeit für einen etwaigen Kampf mit dem Beutetier und zugleich die Möglichkeit, auf der Stelle zurückzufahren, sollte sich die Beute als zu wehrhaft erweisen.
Es kommt vor, daß eine Katze auf einem Ast oder einer Mauer gelauert hat und nun von diesem erhöhten Punkt aus angreift. Dabei springt sie aber niemals direkt von oben auf ihr Opfer, sondern stets knapp daneben auf den Boden herab. Von dort stürzt sie sich wie beschrieben auf die Beute.
Flieht das Beutetier, weil es den angreifenden Feind gerade noch rechtzeitig bemerkt hat oder weil der Ansprung der Katze sein Ziel verfehlte, geben die meisten Katzen nicht gleich auf. Sie verfolgen ihr Opfer im Galopp, und nicht selten erwischen sie es dann doch noch.

Der Kampf mit dem Beutetier

Einem erhaschten Heupferdchen oder Schmetterling den

Die Katze hat eine kleine Bewegung im Gras erspäht. Den Bauch am Boden und den Kopf weit vorgereckt, so verharrt sie regungslos und lauert auf eine Chance zum Beutesprung.

Garaus zu machen gelingt einer Katze natürlich mühelos. Aber schon eine Maus, die in den Fängen der Katze um ihr Leben kämpft, ist ein durchaus ernst zu nehmender Gegner. Um es deutlich zu sagen: Die Maus hat eine faire Chance. Wenn es um ihr Fell geht, werden Mäuse zu wahrlich todesmutigen Kämpfern. Hält die Katze sie nicht vom ersten Ansprung an fest im Genick gepackt, fährt so manche Maus tatsächlich beißend auf die Katze los. Diese weicht erschrocken einen Schritt zurück – und schon gibt die Maus Fersengeld. Wenn sie Glück hat, genügt der erreichte Vorsprung fürs Entkommen. Die größeren Ratten gäben

Eine Katze durchstreift ihre Jagdgründe auf der Suche nach Beute durchaus nicht planlos. War sie an einer bestimmten Stelle einmal erfolgreich, kehrt sie in den folgenden Tagen immer wieder dorthin zurück. Das Motto lautet: Wo eine Maus ist, leben auch noch mehr. Mit großer Geduld wartet die Katze vor einem Mausloch. Erscheint die ahnungslose Maus endlich, ist es meist auch schon um sie geschehen. Die langen Tasthaare der Katze umhüllen die gepackte Maus förmlich und helfen, die Bewegungen der ergriffenen Beute zu kontrollieren.

Katzen spielen gern noch eine Weile mit ihrer Beute, bevor sie sie fressen, ja vielfach sogar noch, bevor sie sie getötet haben. Bei noch jagdunerfahrenen, ängstlichen Katzen mag dieses uns so „grausam" erscheinende Spiel dazu dienen, Gefährlichkeit und Reaktionsweise der Beute festzustellen. Katzen, die nur selten Gelegenheit zur Jagd haben, nützen dagegen die Gunst der Stunde, um ihren aufgestauten Jagdtrieb abzureagieren. Sie bringen es wohl einfach nicht übers Herz, die Jagd durch einen gezielten Tötungsbiß ins Genick der Beute sogleich zu beenden. Allerdings müssen sie bei all der Tändelei sehr aufpassen, daß es der Maus nicht doch noch gelingt, wieder zu entwischen.

zwar eine ergiebige Beute ab, sind aber noch viel aggressiver und wehrhafter als Mäuse. Eine Hauskatze braucht schon eine gehörige Portion Mut und Jagderfahrung, um es mit einer ausgewachsenen Wanderratte ernsthaft aufzunehmen. Die meisten unerfahrenen Katzen, die eine solche Ratte attackieren, werden von dieser mit vehementen Gegenangriffen in die Flucht getrieben. Aber es gibt auch Katzenhelden, die Ratten in einem ausdauernden Kampf zu überwältigen vermögen.

Dabei läßt sich die Katze gewöhnlich nicht auf einen Ringkampf ein. Vielmehr zieht sie sich nach dem ersten Anspringen wieder ein Stück zurück, sammelt sich zu einem erneuten Vorstoß, greift wieder an, ein dutzendmal und öfter, bis die Abwehr der Ratte schließlich schwächer wird. So blitzschnell laufen die einzelnen Katzenangriffe ab, daß sich nicht erkennen läßt, was dabei im einzelnen geschieht. Zu guter Letzt jedenfalls liegt die Ratte erledigt am Boden – und die Katze hat nicht selten einige tiefe Wunden im Fell.

Weniger große Beutetiere lassen Katzen oft nicht mehr los, wenn sie sie erst einmal mit den Zähnen im Nacken gepackt haben. Beginnt das Opfer sich zu winden und zu wehren, wirft sich die Katze seitlich auf den Boden, hält die Beute zusätzlich mit den Vorderkrallen fest und bearbeitet sie mit kräftigen Stößen der Hinterbeine. (Diese Kampftaktik kann man bei sich balgenden Katzenkindern häufig beobachten, und auch ausgewachsene Katzen „kämpfen" noch gerne in dieser Art gegen die Hand eines menschlichen Spielkameraden.)

Der Tötungsbiß in den Nacken

Ob unmittelbar nach dem ersten erfolgreichen Anspringen oder erst nach längerem Kampf, am Ende tötet die Katze ihre Beute. Sie macht es, wie es in der Natur aller Katzenarten liegt: durch einen Biß in den Nacken. In ihren dolchartigen Eckzähnen, den Fangzähnen, hat sie das perfekte Werkzeug dafür. Allerdings sind diese spitzen Zähne nicht geeignet, um damit kraftvoll auf etwas Hartes zu beißen. (Passiert dies einer Katze versehentlich, können ihre Fangzähne relativ leicht in Längsrichtung splittern oder gar abbrechen.) Wohl vermögen die Dolche etwa die dünne Hirnschale einer Maus zu durchdringen, nicht aber deren Wirbelsäule zu zermalmen. Statt dessen zwängt sich der Eckzahn beim Tötungsbiß wie ein Keil zwischen die Halswirbel und sprengt diese auseinander. Dabei zerreißt das Halsmark – und das Beutetier ist auf der Stelle tot.

Um den Biß so präzise zu plazieren, macht die Katze während des Zubeißens eine Serie schneller Kieferbewegungen, die sie aussehen lassen, als würde sie schnattern. Es ist ei-

Auch wenn die Katze gar nicht hungrig ist: Als geborene Jägerin muß sie ihrem Jagdtrieb einfach nachkommen und die Maus „erledigen".

ne Art blitzschnelles Stochern nach einer geeigneten Ansatzstelle. An den Wurzeln der Eckzähne finden sich vermehrt Sinneszellen, die auf Druckempfindung reagieren. Stößt nun die Zahnspitze auf einen harten Knochen, lockert die Katze den Kieferschluß wieder ein wenig, um den Zahn sogleich in einem minimal abgeänderten Winkel vordringen zu lassen. Das wiederholt sie so lange, bis der Zahn schließlich in den Spalt zwischen zwei Wirbelkörpern eindringt.

Übrigens kann man nicht selten beobachten, daß eine Katze, zum Beispiel am häuslichen Fensterbrett sitzend und draußen Vögel beobachtend, plötzlich anfängt, mit zurückgezogenen Mundwinkeln zu „schnattern". Sie klappert regelrecht mit den Zähnen. Das ist nichts anderes als der beschriebene Tötungsbiß, den die Katze hier vollführt, als hätte sie einen der Vögel bereits im Maul. Verhaltensforscher nennen so etwas eine *Leerlaufhandlung*. Der Reiz, den die belauerten, aber unerreichbaren Vögel auf die Katze ausüben, ist so stark, daß er die Instinkthandlung des Zubeißens unwillkürlich auslöst.

Nach erfolgreicher Jagd

Eine Katze muß schon fast umkommen vor Hunger, wenn sie die getötete Beute sogleich zu fressen beginnt. Gewöhnlich wendet sie sich „nach vollbrachter Tat" erst einmal ab. Es scheint, als habe sie plötzlich jedes Interesse an ihrer Beute verloren. Sie läßt sie einfach liegen, geht ein Stück davon weg, schnuppert vielleicht am Boden umher oder beginnt schon mal, sich zu putzen. Doch dies alles dient nur dazu, die Spannung der vorangegangenen Jagd abzubauen, und gibt der Katze Zeit, sich

Vögel bis zur Größe von Tauben sind und bleiben in den Augen einer Katze potentielle Beutetiere. Allerdings begreifen Katzen schnell, daß Käfigvögel für sie unerreichbar sind, und akzeptieren den Vogelkäfig einfach als Teil der Zimmer- oder Terrasseneinrichtung.

Ein dickes Heupferd ist eine zwar leichte, aber nicht sehr ergiebige Beute. Dennoch wird kaum eine Katze so einen grünen Springer unbehelligt vorbeihüpfen lassen. Die meisten fressen die fetten Insekten auch gleich auf.

Was tun, wenn die Katze Beute anschleppt?

Auch die sanfteste Schmusekatze und der phlegmatischste Sofakater werden früher oder später mit einer blutig gebissenen Beute im Maul ankommen. Katzen sind eben Raubtiere!

Seien Sie also darauf gefaßt, daß Ihnen Ihr Hausgenosse eines Tages eine tote Maus als Präsent vor die Füße legt oder, noch schlimmer, mit einem im wahrsten Sinne des Wortes noch quietschlebendigen Opfer durch die Wohnung tobt. Auch wenn die Katze keinen Auslauf hat, sind Sie vor solchen Überraschungen nicht sicher. Es gibt immer wieder unvorsichtige Vögel, die ans Fenster oder auf den Balkon und damit der Katze genau vors Maul fliegen. Auf keinen Fall sollten Sie Ihre jagdeifrige Katze dafür bestrafen, daß sie etwas tut, was in ihrer ureigensten Natur liegt! Am besten nehmen Sie ihr die Beute bei günstiger Gelegenheit ohne viel Aufhebens weg – sobald die Katze es zuläßt. Das tut Ihrer Wohnung gut, unter Umständen aber auch der Katze. Denn besonders in städtischen Gebieten muß man in der heutigen Zeit leider damit rechnen, daß Mäuse einiges an chemischen Schädlingsbekämpfungsmitteln im Körper haben (und vielleicht deshalb schon vorher halbtot und für die Katze leicht zu erwischen waren). Die Katze wird daran nicht sterben, aber förderlich sind solche Mittel ihrer Gesundheit gerade nicht. Vögel, die in der Wohnung von einer Katze bearbeitet werden, hinterlassen neben Blutspuren oft unglaubliche Mengen an Federn, was weder sehr appetitlich noch leicht zu entfernen ist. Also auch in diesem Fall empfiehlt es sich, das Beutetier zur rechten Zeit wegzunehmen.

Bisweilen verliert eine Katze aus ganz unerklärlichen Gründen jegliches Interesse an ihrer Beute, noch bevor sie sie getötet hat. Wurde das Beutetier im vorausgehenden charakteristischen „Katz-und-Maus-Spiel“ arg maltraitiert, ist es manchmal unumgänglich, daß Sie die traurige Pflicht übernehmen und dem Opfer den Gnadentod geben.

wieder zu beruhigen. Nach einem solchen „Spaziergang" kehrt sie zu ihrer Beute zurück und trägt sie umher. Ablegen, „Spazierengehen" und Wiederaufnehmen der Beute kann sich noch mehrmals wiederholen, bis die erregte Jägerin ihre Gelassenheit wiedergefunden hat. Schließlich trägt (oder schleift, je nach Größe) die Katze ihren Fang meist an einen Platz, der eine gute Deckung bietet. Dort schlägt sie sich dann verdientermaßen den Bauch voll.

Das „grausame" Spiel mit der Beute

Einige Katzen spielen noch eine Weile mit der getöteten Beute, bevor sie sie auffressen. Sie schlagen mit den Pfoten danach und vollführen die tollsten Sprünge, um so wilder und ausdauernder, je schwieriger das Opfer zu überwältigen war. Der „Tanz" um die Beute ist eine besonders wirkungsvolle Form, die Spannungen der Jagd loszuwerden. Die Katze macht sozusagen ihrer Erleichterung Luft.

So eine Reaktion können wir ja noch verstehen, sie erscheint uns doch irgendwie „menschlich". Aber warum spielen so viele Katzen mit ihrer Beute, noch bevor sie sie töten?

Es gibt mehrere Gründe dafür: Erstens stellt eine ängstliche oder noch jagdunerfahrene Katze dabei die Gefährlichkeit und Reaktionsweise des Beutetiers fest und überwindet zugleich ihre Angst davor. Und zweitens steigert das „Katz-und-Maus-Spiel" die Erregung und hilft der Katze dadurch, ihre angeborene Beißhemmung zu überwinden und den Tötungsbiß anzubringen. (Einen in Technik und Ansatz entsprechenden Nakkenbiß wendet ja zum Beispiel auch eine Mutterkatze beim Transport ihrer Jungen an, nur ohne die Erregung der Jagd und daher stark gehemmt.)

Der dritte Grund kommt vor allem bei Katzen ins Spiel, die nur selten Gelegenheit haben, eine Beute zu fangen und daher nach Jagdaktivitäten gieren. Für eine in einer beutearmen Umgebung gehaltene Katze (etwa eine Wohnungskatze, die nur begrenzten Auslauf im Freien hat oder auf einen Balkon beschränkt ist) muß es ein großes Ereignis sein, wenn sie einmal eine Maus oder auch einen kleinen Vogel erwischt. Sie bringt es dann nicht über sich, die Jagd „kurz und trocken" mit einem Tötungsbiß zu beenden, sondern kostet sie so lange wie möglich aus. Indem sie die einzelnen Jagdhandlungen wieder und wieder durchspielt, reagiert sie ihren aufgestauten Jagdtrieb ab.

Ein weiterer Aspekt kommt bei einer Mutterkatze ins Spiel, die lebendige Beutetiere zu ihren Jungen trägt, um diesen zuerst Anschauungsunterricht im Jagen und später eine Übungsmöglichkeit zu bieten (siehe das Kapitel Spielen und Lernen).

Das natürliche Beutespektrum

Grundsätzlich kann die Katze jedes Tier erbeuten, das nicht größer ist als sie selbst. Allerdings vergreift sie sich nur in den wenigsten Fällen an einem Beutetier, das größer als eine Ratte bzw. Taube ist.

Die allermeisten Katzen sind – vorausgesetzt, man läßt sie – ausgesprochene Mäusejäger. Das haben die verschiedensten großangelegten Untersuchungen übereinstimmend ergeben, ob sie nun auf Verhaltensbeobachtungen oder auf Analysen des Mageninhalts erschossener oder verunglückter Katzen beruhten. Bei Wildkatzen sowie freilebenden Hauskatzen oder Bauernhofkatzen machen Mäuse 70–90% der Nahrung aus. Der Rest setzt sich aus Küchenabfällen, Dosenfutter, Vögeln, Insekten, Eichhörnchen, jungen Kaninchen, Resten von überfahrenem Wild und anderem Aas, Fischen, Fröschen,

Es ist unwahrscheinlich, daß sich die Katze für die überdimensionalen Vögel auf dem Fernsehbildschirm interessiert. Vielmehr weckt jede wahrgenommene Bewegung die Aufmerksamkeit einer Katze und kann, bei entsprechener Stimmungslage, den Jagdtrieb reizen.

JAGD UND BEUTESPIEL

Wer in einem Katzenhaushalt leckere Nahrungsmittel unbeaufsichtigt zurückläßt – nun, der ist selber schuld. Katzen lernen zwar schnell und mühelos, daß der Eßtisch tabu ist, werden aber zeitlebens nicht einsehen, warum ein Verbot auch in Abwesenheit des Erlassers gelten solle. Auch mit Deckeln oder Folien verschlossene Behältnisse, aus denen es verlockend duftet, stellen für findige Katzen meist kein großes Problem dar.

Eidechsen und ähnlichem zusammen, je nach Umgebung und Gelegenheit eben.

Gut gefütterte Hauskatzen jagen oft mehr, als sie anschließend fressen. Weil die Jagd den Körper viel Kraft kostet, ist dieses Verhalten pure Energieverschwendung, die sich ein Wildtier nicht leisten kann. Vom Menschen versorgte Hauskatzen brauchen sich jedoch um ihre Energiebilanz nicht zu kümmern, wohl aber nutzen sie jede Beutegelegenheit, um ihren Jagdtrieb abzureagieren.

Tiere, die stinkende oder bittere Sekrete absondern und deshalb scheußlich schmekken, werden von vielen Katzen gefangen und meist auch getötet, dann aber verschmäht und liegengelassen. Solche Jagdbeute sind vor allem Kröten, Maikäfer, Spinnen, Spitzmäuse und Maulwürfe.

Wohnungskatzen entwickeln sich, in Ermangelung anderer Beutetiere, oft zu ambitionierten Fliegenjägern. Und nicht wenige verschlingen einen fachgerecht erlegten Brummer anschließend. In der Not frißt eben nicht nur der Teufel Fliegen.

Wie kann man der Katze die Vogeljagd verleiden?

Haben Sie Nistkästen im Garten aufgehängt oder wissen Sie Nester auf bestimmten Bäumen, können Sie die Baumstämme mit Stachelmanschetten oder Tannenreisig für Katzen „sperren“. Manche Leute binden ihren Katzen ein Halsband mit Glöckchen um, was den Vögeln eine größere Chance geben soll, die Katze rechtzeitig zu bemerken. Die Erfolgsquote der Katze sinkt dadurch garantiert, und sei es nur, weil sie selbst durch das Gebimmel irritiert und deshalb nicht konzentriert bei der Sache ist. Um die Katze aber letztlich ganz von der Vogeljagd abzuhalten, fürchte ich, müßten Sie ihr schon durch strikten Stubenarrest jede Gelegenheit dazu nehmen.

Die Sache mit dem Vogelmord

Das Thema Vogelfang ist ein ausgesprochen wunder Punkt bei vielen Katzenfreunden.

Katzen sind geschickte Jäger und Angler, auch am Küchentisch!

Gewußt wie! Es geht auch ohne Strohhalm.

Erstens sehen sie es selber nicht gern, wenn ihre Schmusekatze ein nettes, piepsendes Vögelchen mordet, und zweitens gibt es oft genug Ärger mit dem Nachbarn, wenn er seinerseits weniger Katzen- als vielmehr Vogelliebhaber ist. Fest steht, daß alle Katzen ebenso gerne Vögel wie Mäuse jagen. Nur sind Vögel für sie ungleich schwieriger zu erwischen und darum geben erfahrene Katzen auf dem Land die Vogeljagd mehr oder weniger auf. Anders ist es in der Stadt und in größeren Siedlungsgebieten. Der Vogelanteil an der Gesamtbeute liegt bei Stadtkatzen deutlich höher als in ländlichen Gebieten. Das ist nicht weiter verwunderlich, denn in deren Revier fehlen heutzutage die kleinen Nager weitgehend. Um ihren Jagdtrieb auszuleben, sind diese Katzen geradezu gezwungen, sich an Vögel zu halten. Doch sie erwischen fast immer nur kranke, alte oder sehr junge Vögel. (Bei den meisten unserer Singvogelarten müssen, so grausam es auch klingt, jährlich drei Viertel der Brut zugrunde gehen, um den Bestand einer Gegend stabil und damit gesund zu halten, eine Tatsache, die fanatische Vogelschützer gerne übersehen.) In über 50 umfangreichen ökologischen Studien konnte bisher in keinem einzigen Fall nachgewiesen werden, daß Hauskatzen den Bestand irgendeiner heimischen Vogelart gefährdet hätten. Das gilt allerdings so uneingeschränkt nur für das Festland. Auf kleinen Meeresinseln oder Vogelfelsen, auf denen Hauskatzen ausgesetzt wurden, können diese durchaus eine ernsthafte Gefahr für die dortigen Vogelbestände darstellen.

Spezialisten beim Nahrungserwerb

Katzen sind vielseitig begabt und äußerst lernfähig, vor allem wenn es darum geht, an etwas Freßbares zu gelangen. Zum Beispiel gibt es geschickte Fischjäger unter ihnen. Am Ufer eines Fischteichs oder Baches lauert die Katze darauf, daß sich ein Fisch dicht unter der Oberfläche am Gewässerrand blicken läßt. Blitzschnell läßt sie ihre Pfote ins Wasser zucken, angelt mit ausgefahrenen Krallen nach dem Fisch und schleudert ihn mit Schwung über ihre Schulter aufs Trockene heraus. Im selben Moment hat sich die Katze auch schon umgedreht und springt nach der zappelnden Beute wie nach einer Maus.
Es gibt auch durchaus glaubhafte Berichte von Auslaufkatzen, die regelmäßig im Blumenbeet Regenwürmer ausgraben und zum Teil auch fressen. Verwilderte Stadtkatzen haben es gelernt, Mülltonnen zu öffnen oder Lagerbehälter in Markthallen zu plündern. Auch in häuslicher Umgebung sind der Geschicklichkeit von Katzenpfoten fast keine Grenzen gesetzt. Behältnisse, aus denen es verlockend duftet, müssen schon sehr fest verschlossen sein, um eine ernsthaft am Inhalt interessierte Katze abzuhalten.

FRESSEN UND TRINKEN

Unsere Katze ist ein ausgesprochener Fleischfresser. Als unermüdliche Jägerin braucht sie den hohen Eiweißanteil der tierischen Kost, um für ihre anstrengende Lebensweise ausreichend Energie zu haben. Den größten Teil ihres Flüssigkeitsbedarfs deckt die Katze aus der Fleischnahrung. Ist der Durst jedoch größer, stillt sie ihn mit Wasser.

Die natürliche Nahrung freilebender Katzen ist, wie sollte es anders sein, die selbsterjagte Beute. Die getöteten Beutetiere schleppt sie gewöhnlich an einen Platz, wo sie vor überraschenden Störungen einigermaßen sicher sein kann, und beginnt dort ihre Mahlzeit.

Der Verzehr eines Beutetiers

In aller Regel hockt sich die Katze zum Fressen hin. Nur kleinere Brocken, etwa dicke Insekten, werden auch mal im Stehen verschluckt. Behaarte Tiere beginnt eine Katze stets vom Kopf her zu fressen, mit dem Fellstrich also. Auch gefiederte Beute wird meist von vorn nach hinten aufgefressen. Vögel, vor allem solche ab Amselgröße, pflegen die meisten Katzen vor dem Verzehr zu rupfen. Vor allem die sperrigen Schwanz- und Schwungfedern würden den Genuß wohl allzusehr beeinträchtigen. Ob das Rupfen nur oberflächlich oder besonders sorgfältig ausgeführt wird, hängt von den Gepflogenheiten der einzelnen Katze und vom Grad ihres momentanen Hungers ab. In jedem Fall halten die Vorderpfoten den Vogel am Boden fest, während mit den Zähnen die Federn ausgerupft werden. Zwischendurch schüttelt die Katze heftig den Kopf, um die am Maul klebenden Federn wegzuschleudern, und leckt sich häufig die Flanken. Dabei wird nicht das Fell durch die Zunge gereinigt wie beim normalen Putzen, sondern die Zunge am Fell abgestreift und so von Federchen befreit. Nach beendetem Vogelmahl liegen gewöhnlich nur noch die ausgerupften Federn sowie bei größeren Vögeln Beine und Schnabel herum. Kleinere Vögel werden nicht selten ratzebutz verschlungen.

Mäuse und andere befellte kleinere Beutetiere werden meist ebenfalls mit Haut und Haar verputzt. Den (für Katzenverhältnisse großen) Schädel eines jungen Kaninchens dagegen läßt die Katze manchmal übrig, und das langhaarige Rückenfell einer Ratte wird oft wieder ausgewürgt. Viele Katzen zerren den Darm des Beutetiers aus der Bauchhöhle und fressen ihn wie einen besonderen Leckerbissen.

Katzen zerkauen ihre Nahrung nicht wie wir zu einem Brei, bevor sie sie schlucken. Mit den scharfen Reißzähnen, die wie eine Art Brechschere funktionieren (siehe auch das Kapitel Abstammung und Tierart), zerschneiden sie ihre Beute regelrecht. Die Stücke werden dann im ganzen hinuntergeschluckt. Weil die Reißzähne an den Kieferseiten sitzen und die Beute normalerweise am Boden liegt, neigt die Katze beim Zerbeißen der Nahrung ihren Kopf mit der gerade kauenden Seite bodenwärts. Die schiefe Kopfhaltung ist typisch für eine fressende Katze. Offenbar wird beim Kauen die Kiefermuskulatur stark beansprucht, denn die Katze wechselt die Kauseite während des Fressens häufig. Von großen Knochen, die zum Zerbeißen zu dick sind,

Katzen, die einander gut kennen, arrangieren sich gewöhnlich, wenn es gilt, aus einem gemeinsamen Futternapf zu fressen. Für eine entspannte, streßfreie Mahlzeit sollte jedoch jede Katze ihren eigenen Napf haben.

wird das anhaftende Fleisch mit den Schneidezähnchen feinsäuberlich abgenagt oder mit der rauhen Zunge abgeraspelt. Kleinere Knochen werden zerbissen und einfach verschluckt. Die besonders scharfen Magensäfte der Katze lösen sie auf.

Wenngleich eine heißhungrige Katze in der Lage ist, eine Maus in weniger als zwei Minuten restlos zu verschlingen, bleibt das doch die Ausnahme. In der Regel zeigt die Katze bei ihrem Mahl weder Gier noch Hast, vorausgesetzt, sie fühlt sich an ihrem Freßplatz sicher und wird nicht gestört. Oft legt sie zwischendurch einige längere Pausen ein.

Ein abschließendes gründliches Putzen, vor allem von Gesicht und Pfoten, ist für die reinliche Katze eine Selbstverständlichkeit.

Wie und wann füttern?

Wie bei uns Menschen ist auch der Nahrungsbedarf von Katzen individuell sehr verschieden. Die richtige Futtermenge erhält Ihre Katze, wenn sie dabei weder abmagert noch unschöne Fettpölsterchen ansetzt. Da hilft nur ausprobieren und kritisch beobachten.

Bieten Sie das Futter grundsätzlich handwarm an. Zu kalte Fleischbrokken werden häufig umgehend wieder ausgewürgt. Das bedeutet zwar für die Katze noch keine ernsthafte Gesundheitsstörung, für Sie aber unter Umständen ein Problem bei der Teppichreinigung: Vor allem Dosenfutterreste färben viele Textilien nicht nur intensiv, sondern auch nahezu licht- und waschecht.

Füttern Sie Ihre Katze mindestens zweimal täglich, am besten morgens und abends. Wenn man die Katzenmahlzeiten so legt, daß sie mit dem Frühstück und Abendbrot der Menschen zusammenfallen, kann man unliebsamem Betteln am Eßtisch vorbeugen. Und bitte halten Sie einigermaßen regelmäßige Fütterungszeiten ein. Katzen sind nämlich noch schlimmere Gewohnheitstiere als viele Menschen!

Ausgewogene Ernährung

Mit der Nahrung werden dem Körper alle Stoffe zugeführt, die zu seinem Wachstum und dem Aufrechterhalten seiner Funktionen notwendig sind. Das gilt für den Katzenkörper ebenso wie für alle anderen Tiere und auch den Menschen. In ihren Beutetieren findet die Katze alle für sie notwendigen Nährstoffe sozusagen in kleinen Portionen abgepackt vor. Muskelfleisch, Innereien und Knochen liefern nicht nur Proteine (Eiweiß) und Fette, sondern auch Vitamine und Mineralstoffe im richtigen

Verhältnis. Sogar etwas pflanzliche Beikost erhält die Katze beim Verzehr einer Maus, denn sie frißt auch den Magen- und Darminhalt.
Die Mehrzahl aller Katzen ernährt sich heute aber nicht mehr von Mäusen und anderen Beutetieren, sondern lebt im bequemen Schlaraffenland einer Menschenfamilie. Hier haben die Menschen dafür Sorge zu tragen, daß sich die Ernährung ihrer vierbeinigen Freunde gesund und ausgewogen gestaltet. Unzählige Variationen von Küchenrezepten und Speiseplänen für eine richtige Katzenernährung kursieren unter Haltern und Züchtern. Ebenso vielfältig ist heute das Angebot an Fertigfutter im Handel.
Ein ganzer Industriezweig, der Tierärzte, Ernährungswissenschaftler, Verhaltensforscher und Köche beschäftigt, ist emsig auf der Suche nach neuen Erkenntnissen über die Ernährung unserer Hauskatzen. So werden die Grundlagen für immer neue Futterprodukte geschaffen. Eines der größten Forschungszentren auf diesem Gebiet ist in einem alten Gutshaus in der englischen Grafschaft Leicestershire untergebracht. Dort futtern sich an die 300 Katzen durch immer neue Varianten von Versuchsnahrung, umzingelt von Videokameras, Computern, Waagen, und Köchen. Die 20. Generation von ausschließlich mit Fertigfutter ernährten Katzen lebt heute

Katzen sind Fleischfresser, die ihre Raubtiernatur nicht verleugnen können (oben rechts). Mit den scharfkantigen seitlichen Reißzähnen zerschneidet die Katze ihre Beute (unten links). Nach hinten gerichtete Hornzähnchen machen die Katzenzunge bürstenartig rauh, so daß die Katze damit Flüssiges auflecken (unten rechts) und Fleischfasern von großen Knochen abraspeln kann (oben links).

Eine Katze kann beim Trinken die Flüssigkeit nicht einfach ins Maul saugen wie viele andere Tiere. Sie benützt ihre breite, flache Zunge als Löffel und schlappt damit kleine Schlückchen ins Maul.

hier, und alle erfreuen sich bester Gesundheit. Sozusagen als Nebenprodukt der konsequent durchgeführten Beobachtungen und Stoffwechselanalysen wurden auch für Biologen interessante Erkenntnisse gewonnen:

- Wenn sie die Möglichkeit dazu haben, sind Katzen „Häppchenesser". Innerhalb von 24 Stunden gehen sie bis zu 36mal zum Fressen an den Futternapf. Auf die Verhältnisse in der Natur übertragen, wäre dies mal hier eine Maus, dort ein Käfer ...
- Am liebsten haben es Katzen, wenn ihre Nahrung um die 37–38 °C warm ist. Das entspricht ihrer eigenen Körpertemperatur.
- Katzen sind heikle Fresser. Sie verlangen für die Zutaten ihrer Mahlzeiten erste Qualität. Aber auch vom besten Gericht wenden sich viele früher oder später gelangweilt ab, wird es ihnen zu oft oder gar ausschließlich vorgesetzt. Manche allerdings bestehen auch starrköpfig auf immer demselben Geschmack zwischen den Zähnen.
- Im Vergleich zu anderen Fleischfressern braucht die Katze für eine gesunde Entwicklung einen besonders hohen Proteinanteil in der Nahrung, auf ein Kilogramm Körpergewicht bezogen etwa doppelt so viel wie ein Hund.
- Insgesamt aber benötigt eine vom Menschen versorgte Katze deutlich weniger Energie als eine jagende Selbstversorgerin. Daher dürfen in ihrem Futter außer energiereichem Fett und Protein auch energieärmere Kohlenhydrate enthalten sein, in Form von Gemüse oder Getreideprodukten. Dieses pflanzliche Beifutter muß aber durch Kochen oder Fermentieren voraufgeschlossen werden, sonst kann der Katzendarm rein gar nichts damit anfangen.

Grasfressen

Im Gegensatz zu manch anderen Raubtieren, etwa Bären oder Füchsen, nehmen Katzen so gut wie keine Früchte oder andere Pflanzenkost (außer als Magen- und Darminhalt ihrer Beutetiere) zu sich. Einzige Ausnahme bildet Gras, das alle Katzen mehr oder weniger häufig fressen. Daß sie dabei nicht grasen wie eine Kuh, versteht sich eigentlich von selbst. Eine Katze wählt sorgfältig schnuppernd Hälmchen für Hälmchen aus und beißt dann mit schiefgelegtem Kopf die Spitze ab.

Über die Gründe für das Grasfressen kann man derzeit nur Vermutungen anstellen, schlüssige Ergebnisse aus wissenschaftlichen Untersuchungen liegen uns darüber noch nicht vor. Ganz offensichtlich hilft das Gras der Katze, die beim Putzen verschluckten Haare aus dem Magen wieder hochzuwürgen (siehe dazu auch das Kapitel Sauberkeit und Körperpflege). Häufig schlucken Katzen im Anschluß an eine ausgiebige Fellpflege gierig

Was eine wahrhaft edle Edelkatze ist, will ihr delikates Menü schon standesgemäß serviert bekommen! Längst bietet die Katzenindustrie auch spezielles Katzengeschirr mit Katzendesign an, etwa Futtertellerchen, auf deren Grund eine gemalte Maus zum Vorschein kommt.

ganze Grashalme. Wahrscheinlich lösen die langen Halme einen Brechreiz aus, ähnlich wie beim Menschen das alte Hausmittel Brechnuß. Bei Katzen, die häufig an der Grünkost zupfen, passiert das zerbissene Gras aber auch ganz normal den Darm, wobei es allerdings nicht verdaut wird. Man vermutet, daß es als Ballaststoff die Darmtätigkeit stimuliert und

Die Lebensweise bestimmt weitgehend, was eine Katze frißt: Während sich so manche Luxuskatze von Hummer und Shrimps ernährt, jagen Bauernhofkatzen nach Mäusen und bekommen meist ein tägliches „Zubrot" bei der Scheune. Wildlebende Straßenkatzen suchen auch in Abfalltonnen und auf Müllhalden nach Freßbarem.

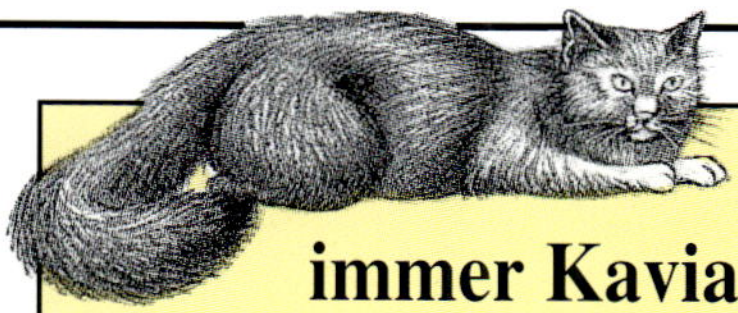

Es muß nicht immer Kaviar sein!

Die heute überall im Handel erhältliche Fertignahrung ist eine gesunde, vollwertige und ausgewogene Kost für die Katze. Und sie ist äußerst praktisch, da sie eine mühsame Futterzubereitung überflüssig macht. Was aber nicht heißt, daß Sie Ihrer Katze gar nichts Frisches mehr geben sollen. Am besten füttern Sie von allem etwas – Dosenfutter, Trockenfutter (ausreichend Trinkwasser bereithalten!), und Frischfutter schön abwechselnd. Erhält die Katze ausschließlich Dosenfutter, werden Zähne und Zahnfleisch auf Dauer zu wenig beansprucht. Zahnsteinbildung und Zahnfleischerkrankungen können die Folge sein. Zwischendurch etwas Festes zwischen die Zähne, wie Kalbsknorpel, Euter oder Pansen, beugt solchen „Zivilisationserkrankungen" vor.

Schweinefleisch und Geflügel sollten Sie nur gekocht verfüttern. Aus dem rohen Fleisch könnten die Katzen Salmonellen, Trichinen oder die Erreger der (bei Katzen absolut tödlich verlaufenden) Aujeszkyschen Krankheit aufnehmen. Die meisten Katzen – aber durchaus nicht alle – schätzen gelegentlich Innereien oder Fisch auf dem Speiseplan. Mein Kater lehnt Leber kategorisch ab, während sich seine Lebensgefährtin jedesmal darüber hermacht, als hätte ich sie davor wochenlang hungern lassen. Umgekehrt ist er ganz wild auf Fisch, vor dem meine Katzendame nur ihr Näschen rümpft. Über Geschmack läßt sich eben auch unter Katzen nicht streiten.

Apropos Fisch: Entfernen Sie vorsichtshalber sorgfältig alle Gräten. Es gibt zwar jede Menge Katzen, die selbstgefischte oder im Fischereihafen „erworbene" (oder geschenkt bekommene) Fische verzehren, ohne mit deren Gräten die geringsten Schwierigkeiten zu haben, aber man weiß ja nie …

Zu guter Letzt: Speisereste aus der Küche sind kein geeignetes Katzenfutter. Mit Lasagne wird vielleicht Kater Garfield glücklich, Ihre Katze aber wird höchstens fettleibig werden. Schlimmstenfalls können Hautekzeme mit Haarausfall die Reaktion auf zu sehr gewürzte Nahrung sein.

dadurch die Verdauung regelt. Möglicherweise, so eine weitere Hypothese, decken Katzen auch instinktiv durch das Herumkauen auf dem Gras ihren Bedarf an Vitaminen und Spurenelementen.

Wasser als Durstlöscher

Ohne Wasser kein Leben, auch kein Katzenleben! Doch kommen Katzen, verglichen mit anderen Tieren, mit ziemlich wenig Wasser aus. Das ist das Erbe der Vorväter, die noch Steppen- und Savannenbewohner waren. Ihre Nieren halten mehr Wasser im Körper zurück als die vieler anderer Tierarten.

Eine Katze, die sich von ihrer Jagdbeute ernährt, nimmt den Großteil ihres Wasserbedarfs beim Fressen der Beutetiere sozusagen automatisch mit auf. Eine Maus besteht immerhin zu rund 70% aus Wasser. (Der Rest ist Eiweiß, Fett, Knochen- und Knorpelsubstanz.) In rohem Muskelfleisch macht der Wasseranteil etwa 80% aus. Verspürt die Katze Durst, trinkt sie Wasser aus einem Bach oder Teich, aus einer Regenpfütze oder Gießkanne. Oft leckt sie auch nur Tau- oder Regentropfen von Pflanzen ab. An heißen Sommertagen ist ihr Trinkbedürfnis natürlich größer als bei naßkaltem Wetter.

Beim Trinken ist die Zunge ein unentbehrliches Werkzeug. Löffelartig aufgebogen wird sie zu einer kleinen Schöpfkelle. Mit raschen Bewegungen schlabbert die Katze damit die Flüssigkeit in ihr Maul. Sie kann ein Getränk nicht wie andere Tiere einfach ansaugen.

Bei gefütterten Katzen kann das Trinken eine viel wichtigere Rolle spielen als bei Selbstversorgern. Dosenfutter, auch Naßfutter genannt, hat noch etwa denselben Wasseranteil wie Beutetiere. Aber Trockenfutter, Bisquits, Katzenkekse und was an dergleichen Leckerbissen mehr den Katzen angeboten wird, enthalten kaum noch 10% Wasser. Das bedeutet, die Katze muß bei einer solchen Ernährung unbedingt reichlich Wasser trinken.

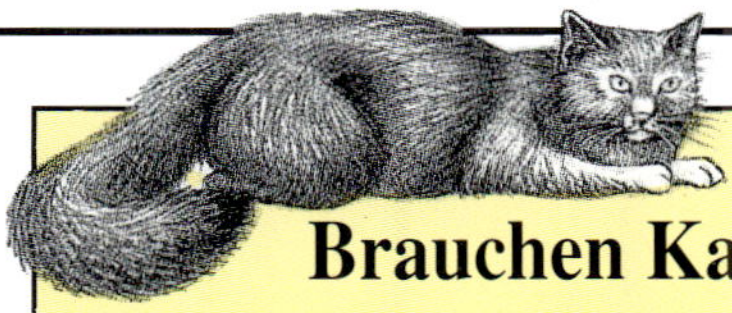

Brauchen Katzen Gras?

Manche Katzen knabbern häufig an Gras herum, andere nur ganz selten. Die Möglichkeit dazu sollten aber alle haben. Eine Katze, die freien Auslauf hat, bedient sich sowieso nach Gutdünken in der nächstgelegenen Wiese. Einer Wohnungskatze müssen Sie geeignetes Gras in einem Blumentopf oder einer flachen Schale anbieten. Gekeimter Weizen oder Hafer wird von Katzen ebensogern akzeptiert wie spezielles vorgekeimtes „Katzengras" aus dem Zoofachgeschäft. (Was nicht heißen soll, daß alle Katzen jedes Gras gleich gern fressen.) Stellen Sie die Heimwiese gut zugänglich und am besten in der Nähe von Miezes Lieblingsplatz, etwa am sonnigen Fensterbrett, auf. Katzen, die den Drang verspüren, Grünzeug zu fressen, und kein geeignetes Gras vorfinden, bedienen sich meist an irgendwelchen Zimmerpflanzen. Leider unterscheiden sie dabei nicht zwischen bekömmlichen und unbekömmlichen Arten. Nicht wenige Topfpflanzen in unseren Wohnstuben sind ausgesprochen giftig, etwa der Weihnachtsstern, die Dieffenbachie oder Primeln, um nur einige zu nennen. Achten Sie darauf, daß solche Exemplare für die Katze nicht erreichbar sind bzw. daß die Katze nicht auf die Giftpflanzen angewiesen ist, sondern ihre Bedürfnisse an katzengerechtem Grün stillen kann. Für den Katzenmagen geeignet sind Zypergras und Grünlilien, die in vielen Wohnzimmern vertreten sind.

Noch etwas zum Thema Trinken: Milch ist für eine Katze kein Getränk, sondern ein flüssiges Nahrungsmittel. Die scharfen Magensäfte der Katze lassen die aufgenommene Milch schlagartig zu festen Käsebrocken gerinnen, die nur schwer und ziemlich langsam verdaut werden. Manche Katzen sind allergisch auf Kuhmilch, die andere Eiweißstoffe enthält als Katzenmilch, und reagieren mit Durchfall darauf. Viele, vor allem ältere Katzen können den in der Kuhmilch reichlich enthaltenen Milchzucker im Darm nicht abbauen. Auch bei ihnen ist Durchfall die Folge. Und schließlich gibt es auch Katzen, die angebotene Milch überhaupt nicht annehmen.

Verglichen mit anderen Tieren kommen Katzen zwar mit relativ wenig Wasser aus, vor allem an heißen Sommertagen oder nach längerer körperlicher Anstrengung aber müssen sie unbedingt ausreichend Flüssigkeit aufnehmen.

„Wenn die Katze Gras frißt, wird es ein Gewitter geben", heißt es in einer verbreiteten Bauernregel.

Das ist natürlich Humbug. Das Gras fördert die Verdauung und hilft der Katze, Haare, die sie beim Putzen verschluckt hat, wieder auszuwürgen. Möglicherweise deckt sie mit Hilfe des Grünzeugs auch ihren Bedarf an Vitaminen und Mineralstoffen.

Von einem Wasserhahn zu trinken macht Spaß. Man kann die Tropfen auch mit der Pfote fangen – für viele Katzen ein herrliches Spiel!

SAUBERKEIT UND

Katzen sind wahre Muster an Sauberkeit. Stundenlang sind sie jeden Tag damit beschäftigt, hingebungsvoll ihr Fell zu lecken. Auch ihre Krallen putzt und schärft die Katze sehr sorgfältig. Wohnungskatzen kann man mühelos dazu erziehen, ihre Exkremente in einer Katzentoilette zu verscharren. In einer freilebenden Katzengruppe allerdings vergraben nur sozial untergeordnete Tiere ihren Kot.

Die Katze gehört wohl zu den reinlichsten Tieren dieser Welt. Sicherlich ist sie nicht zuletzt deshalb als Haustier bei uns so beliebt. Im Gegensatz zu den meisten anderen Tieren erfüllt sie ohne weiteres die hygienischen Ansprüche auch sehr penibler Personen.

Die tägliche Fellpflege

„Katzenwäsche" nennen wir es in der Umgangssprache, wenn sich jemand Gesicht und Körper eilig und nur allzu flüchtig reinigt. Es hätte kaum ein unpassenderer Ausdruck gewählt werden können. Katzen wenden nämlich ein Drittel bis knapp die Hälfte ihrer wachen Zeit für die Pflege ihres Fells auf. Das sind manchmal über dreieinhalb Stunden am Tag. Und wie gründlich die Katze diese Arbeit erledigt! Hier wird ein Haarbüschelchen geglättet, dort eine Verfilzung gelöst. Sie entfernt abgestorbene Haare und hängengebliebene Pflanzensamen aus dem Fell, fängt einen Floh oder löst eine Schmutzverkrustung. Ganz versunken ist sie in diese Tätigkeit. Als Werkzeug dient der Katze vor allem ihre rauhe Zunge, die ihr Waschlappen, Kamm und Massagebürste zugleich ist. Fast alle Körperpartien kann sie dank kätzischer Gelenkigkeit damit erreichen. Nur für Kopf und Hals nimmt die Katze ihre Vorderpfoten zu Hilfe, die sie zuvor mit der Zunge anfeuchtet. Verfilzungen, Verkrustungen oder Parasiten knabbert sie mit ihren kleinen Schneidezähnchen sorgsam aus dem Fell. Allerdings sind Katzen in puncto Fellpflege ebensolche Individualisten wie in allen anderen Dingen. Es gibt weniger gründliche und besonders gründliche, solche, die sich stundenlang mit den Vorderpfoten den Kopf waschen und andere, die ihre Pfoten kaum jemals zur Wäsche benützen.

Eine Katze, die zufrieden schnurrend in ihrem Körbchen liegt und sich mit Ausdauer und Hingabe putzt, verbreitet in unnachahmlicher Weise eine Atmosphäre der Behaglichkeit und des Friedens.

KÖRPERPFLEGE

SAUBERKEIT UND KÖRPERPFLEGE

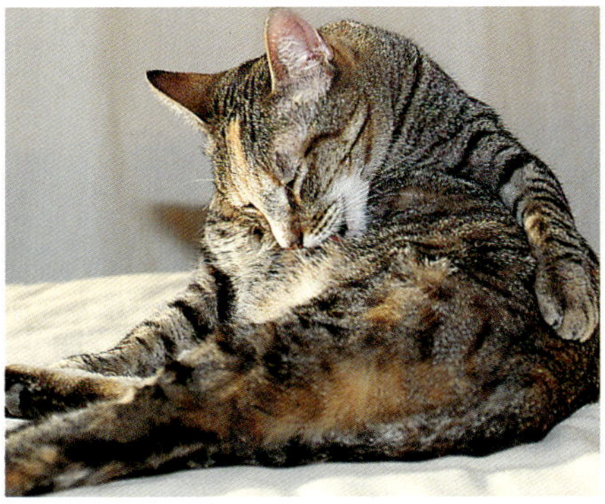

Ihr unglaublich gelenkiger Körper mit der enorm beweglichen Wirbelsäule ermöglicht es der Katze, beinahe alle Fellpartien mit der Zunge zu erreichen. Wie ein rauher Waschlappen gleitet die Zunge Strich um Strich über das Fell.

Auch der After und die Geschlechtsöffnung wird peinlich genau gereinigt. Eine Katze mit kotverschmiertem oder verkrustetem Hinterteil ist sicherlich krank. Nur hochträchtige Kätzinnen haben wegen ihrer Leibesfülle gelegentlich Schwierigkeiten, sich unter dem Schwanz zu reinigen.

Um sich Gesicht und Kopf zu waschen, nimmt die Katze ihre Vorderpfoten zu Hilfe, die sie zuvor mit der Zunge gründlich anfeuchtet. Nach jeder Mahlzeit ist eine ausgiebige Reinigung des Mäulchens obligatorisch.

Verschiedene Gründe, sich zu putzen

Natürlich dient das Putzen vor allem der Sauberhaltung des Fells. Darum ist nach einer erfolgreichen Jagd und nach dem Fressen am Futternapf erst einmal eine gründliche Wäsche angesagt. Die Zunge löst beim Putzen aber nicht nur allerlei Schmutz sowie abgestorbene Haare aus dem Fell, sie nimmt auch das im Talg der Haare enthaltene lebenswichtige Vitamin D auf. Zugleich werden durch das Lecken die Talgdrüsen der Haut dazu angeregt, Haarfett zu bilden, das das Fell gegen Nässe imprägniert. Die Zungenmassage scheint außerdem auch das Wachstum neuer Haare zu stimulieren. Aber sich putzen bedeutet für die Katze noch viel mehr. Es sorgt auch für Abkühlung, ist Ausweg aus jeder Verlegenheit und festigt als gegenseitige freundliche Aktion soziale Kontakte.

Sich putzen statt schwitzen

Katzenwäsche ist beileibe keine trockene Angelegenheit. Vielmehr verteilt die Zunge dabei eine erkleckliche Menge Speichel auf dem Fell. (Es ist übrigens dieser Speichel, der, wenn er angetrocknet ist, dem Katzenfell seinen typischen, leicht süßlichen Geruch verleiht.) Der Speichel übernimmt bei der Katze, die keine über den Körper verteilten Schweißdrüsen hat wie wir (siehe dazu das Kapitel Abstammung und Tierart), dieselbe Funktion, die für uns der Schweiß hat: Er dient der Kühlung, denn bei der Verdunstung der Flüssigkeit wird dem Körper Wärme entzogen. Die Kühlfunktion des Putzens erklärt auch, warum sich Katzen an warmen Tagen mehr lecken als bei kaltem Wetter und warum sie es meist nach anstrengenden Tätigkeiten wie Jagen oder Spielen tun. Im Sommer verliert der Katzenkörper bei diesem „Ersatzschwitzen" etwa ebensoviel Flüssigkeit wie beim Urinieren. Das muß die Katze dann durch Trinken wieder ausgleichen.

Sich putzen aus Verlegenheit

Katzenhalter kennen folgende Situation zur Genüge: Eine Katze verlangt an der Haus-

türe maunzend, hinausgelassen zu werden. Man öffnet die Tür, die Katze drängt schon hinaus, als sie erkennt, daß es draußen in Strömen regnet. Was nun? Sie wird sich hinsetzen und geflissentlich die Flanken lecken, als gäbe es in diesem Moment nichts Dringenderes zu erledigen. Der Ausgang der Situation – ob sie doch hinauslaufen oder lieber wieder umkehren wird – ist dabei noch völlig offen. Es geschieht häufig, daß sich eine Katze mitten in einer begonnenen Tätigkeit hinsetzt und sich wäscht. Es ist ein Zeichen, daß sie verunsichert ist und unschlüssig darüber, was sie am besten tun solle. Durch das unverbindliche Putzen gewinnt sie Zeit, sich über die beste Vorgehensweise klar zu werden. Wir Menschen kratzen uns am Kopf (ursprünglich ja auch eine Putzbewegung!) oder knipsen einen Kugelschreiber ein und aus, wenn wir gerade nicht wis-

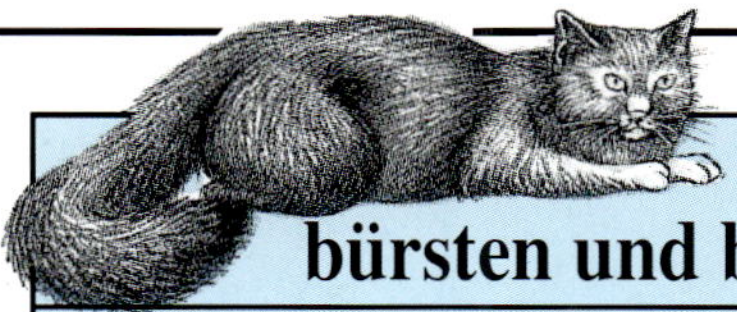

Eine Katze bürsten und baden?

Eine Kurzhaarkatze erledigt die zur Sauberhaltung ihres Fells notwendige Pflege selbst – vorausgesetzt, sie ist gesund. Bei Langhaarrassen ist das nicht der Fall. Man hat ihnen zwar ein langhaariges Fell angezüchtet, ein ausreichend gesteigertes Putzverhalten jedoch wurde nicht mitgezüchtet. Ohne Hilfe schaffen sie es gewöhnlich nicht, ihr Fell makellos in Ordnung zu halten, es verfilzt und verschmutzt. Täglich ein Viertelstündchen Fellpflege mit Kamm und Bürste ist hier unbedingt angesagt.

Ungeachtet dessen, ob es zur Sauberhaltung notwendig ist oder nicht, ist das Bürsten eine ideale Gelegenheit für einen regelmäßigen Kontakt zwischen Katze und Mensch, den man unbedingt zur Gepflogenheit werden lassen sollte. Bei einer Kurzhaarkatze sollte man sich einmal pro Woche die Zeit dafür nehmen. Erstens genießen es alle Katzen, daß ihnen ihr Menschenfreund dabei seine volle Aufmerksamkeit widmet. Zweitens kann man durch das Bürsten möglichen Problemen mit verschluckten Haaren vorbeugen. Und drittens schließlich gibt es Gelegenheit zu einer regelmäßigen Kontrolle auf Parasitenbefall, kleine Wunden oder Hautschäden.

Die Wasserscheu von Katzen ist zwar durchaus nicht so stark ausgeprägt, wie es sich viele Menschen vorstellen (Katzen spielen häufig mit rinnenden Wasserhähnen, angeln Fische aus Gewässern oder sind bei Regen draußen unterwegs), aber vom Baden halten sie absolut gar nichts. Ersparen Sie Ihrer Katze daher regelmäßige Reinigungsbäder! Bürste und Katzenzunge werden im Normalfall jedem Schmutz im Fell Herr. Zur Behandlung von Hauterkrankungen allerdings können bisweilen Bäder mit heilenden Zusätzen notwendig werden. Lassen Sie sich vom Tierarzt zeigen, wie Sie dabei am besten vorgehen und welche Substanzen geeignet sind.

Gegenseitiges Lecken ist nicht nur zwischen einer Mutterkatze und ihren Jungen oder unter Katzengeschwistern üblich, sondern auch bei erwachsenen Katzen, die eine enge soziale Bindung entwickelt haben. Es ist eine unmißverständlich freundliche Geste und zugleich eine stets willkommene Putzhilfe für „schwierige" Körperstellen.

Sich putzen ist eine der Hauptbeschäftigungen jeder Katze.

Ein bequemes, warmes Sonnenplätzchen, so recht geschaffen für eine Siesta! Wenn es allzu warm wird, hilft ein wenig Putzen. Der dabei auf dem Fell verteilte Speichel schafft beim Verdunsten Abkühlung.

Langhaarige Katzen brauchen zur Fellpflege die Hilfe des Menschen, wenn sie sauber und adrett bleiben sollen. Weder ihr Putzverhalten noch die Oberfläche ihrer Zunge sind auf die durch Zucht veränderten Fellverhältnisse eingestellt.

sen, was wir sagen oder tun sollen. In der Verhaltensforschung nennt man solch ein deplaziertes Verhalten, das keine logische Verbindung zur momentanen Situation hat, eine Ersatzhandlung oder *Übersprungshandlung*. Der aufgestaute Drang, etwas zu unternehmen, springt sozusagen auf eine andere Schiene über, auf der die Katze ihrer Anspannung auf unproblematische Weise Luft machen kann.

Gegenseitiges Putzen

Das erste Mal wurde jede Katze von ihrer Mutter geleckt, und zwar gleich nach der Geburt. Schon ab der dritten Lebenswoche beginnt sie dann, sich selber zu putzen, und zugleich mit der eigenen Fellwäsche beginnt das Kätzchen auch die Geschwister und die Mutter zu lecken. Diese gegenseitigen Zuwendungen festigen die sozialen Bindungen in der kleinen Katzengruppe. Sie sind auch zwischen erwachsenen Katzen üblich, die entweder miteinander aufgewachsen sind oder eine enge soziale Bindung entwickelt haben. Eine Katze, die einer anderen das Fell leckt, drückt damit unmißverständlich aus: „Ich bin dir freundlich zugetan." Über die Geste hinaus ist dieses Verhalten auch eine stets willkommene Putzhilfe für Körperstellen, die eine Katze selber nur schwer erreichen kann. Daher werden beim gegenseitigen Lecken meist Nacken, Stirn und Ohren des Partners bearbeitet.

Ganz offensichtlich genießen alle Katzen die Fellpflege. Jedenfalls fallen nicht wenige dabei in ein leises, wohliges Schnurren. Und wenn gar die Hand eines menschlichen Freundes wie eine überdimensionale Katzenzunge über das Fell streicht, schließt man als Katze am besten nur noch die Augen und gibt sich voll und ganz dem Genuß hin. (Siehe dazu auch das Kapitel Verstehen und Mißverstehen.)

Verschluckte Haare

Wenn sich die Katze das Fell leckt, nimmt sie mit der Zunge stets auch eine Vielzahl loser Haare auf. Diese Haare werden einfach verschluckt. Ein großer Teil davon nimmt den natürlichen Weg und wird mit dem Kot wieder ausgeschieden. Da die Haare aber nicht verdaut werden, bilden sich im Magen immer auch verfilzte, längliche Haarklumpen, die über kurz oder lang wieder ausgewürgt werden. Das ist ein ganz normaler Vorgang, auch wenn manche Katze beim Würgen erschreckende Geräusche hervorbringt. Kaum liegt der ausgestoßene Haarballen vor ihr, hat sie auch schon ihre Haltung wiedergewonnen und schlendert wie unbeteiligt von dannen.
Hat eine Katze die Gelegenheit, Gras zu fressen, kann sie sich dadurch das Erbrechen erleichtern. (Siehe dazu auch das Kapitel Fressen und Trinken.) Das ist vor allem wichtig, wenn die Katze besonders viele Haare aufnimmt, zum Beispiel in der Zeit des Fellwechsels, oder weil sie sich aus Gründen der Nervosität oder Unsicherheit unablässig „übersprungsputzt" oder weil ihr Fell besonders langhaarig ist. Wird ein Haarballen allzu groß und kann dann nicht mehr ausgeschieden werden, wird es kritisch. Es kommt zu einer Verstopfung, die bis zum Darmverschluß führen kann. Schlimmstenfalls muß dann der Tierarzt den Haarpfropfen operativ aus dem Verdauungstrakt entfernen.

Das Krallenwetzen

Scharfe, spitze Krallen sind für eine Katze unabdingbar. Sie braucht sie zum sicheren Klettern, zum Packen einer Jagdbeute und um sich bei Auseinandersetzungen wirkungsvoll wehren zu können. Bei der täglichen Reinigungsprozedur kommen daher auch die Krallen regelmäßig an die Reihe. Mit den Vorderzähnchen wird dabei zwischen den Zehen und an den Krallen haftender Schmutz abgeknabbert. Zur Nachpolitur zieht die Katze die Krallen der Vorderpfoten, eine nach der anderen, noch einmal durch die Zähne, als wolle sie sie einzeln ausreißen.
Was aber nützen blitzsaubere Krallen, wenn sie stumpf geworden sind? Wenig. Deshalb sieht man eine Katze auch immer wieder ihre Krallen schärfen. Das geschieht durch Abstreifen der äußeren, ausgedienten Krallenhüllen. Darunter kommen die nachgewachsenen neuen und, zumindest an den Vorderpfoten, äußerst spitzen Krallen zum Vorschein. Von den Krallen der Hinterpfoten streift sie die alten Hüllen mit den Zähnen herunter, bisweilen kaut sie sie regelrecht ab. Um die Krallenhüllen der

Sich mehreren Dingen gleichzeitig zu widmen stellt für Katzen kein Problem dar. Sie legen sich für eine Ruhepause gerne auf einen erhöhten Beobachtungsplatz und erledigen zugleich einen Teil der täglichen Putzroutine.

Um die Krallen der Vorderpfoten zu reinigen, knabbert die Katze mit den Schneidezähnchen den daran haftenden Schmutz ab. Das sieht tatsächlich aus, als kaue die Katze an ihren Fingernägeln.

Um ihre Krallen zu schärfen, schlägt die Katze sie in Holz und zieht sie kräftig nach unten. Dabei streift sie die äußeren, stumpfgewordenen Krallenhüllen ab, und darunter kommen die nachgewachsenen, nadelspitzen Krallen zum Vorschein.

Gerne bedienen sich Katzen eines Baumstamms mit rauher Borke als Manikürhilfe.

Vorderpfoten loszuwerden, schlägt die Katze ihre Krallen am liebsten in weiches Holz und zieht kräftig daran entlang. Im Freien sucht sie sich dazu einen Baumstamm, möglichst mit rauher Borke, einen alten Holzpfosten oder auch eine nicht zu glatte Zaunlatte. Eine Katze, die ausschließlich in der Wohnung lebt, braucht dafür ein Ersatzobjekt.
Wie die Fellwäsche nicht nur der Reinigung dient, ist das „Krallenwetzen" für die Katze nicht nur Maniküre. Eine weitere wichtige Funktion besteht im Training des Krallenausstreckens und -einziehens und der Kräftigung der dazu notwendigen Muskeln. Außerdem stellen die Kratzer Geruchsmarkierungen dar,

Die Krallen der Hinterpfoten werden mit derselben akribischen Genauigkeit gesäubert und gepflegt wie die vorderen, obgleich sie bei weitem nicht so spitz sind.

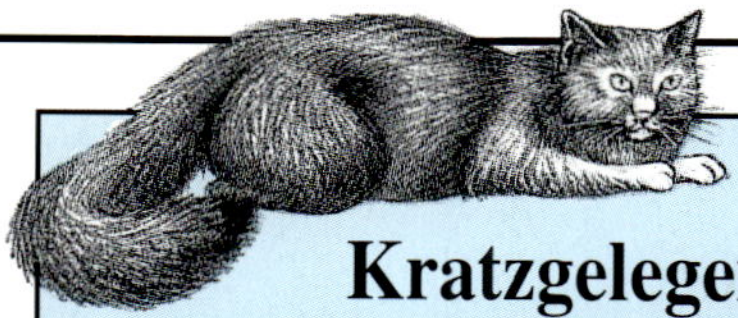

Kratzgelegenheiten für die Wohnungskatze selbstgemacht

Im einschlägigen Handel sind heute Katzenkratzbäume und -bretter in vielfältigen Ausführungen und jeder Preislage zu bekommen. Mit ein wenig handwerklichem Geschick kann man sie aber auch leicht selbst konstruieren. Eine dicke Holzstange, mit einer Wäscheleine aus Sisal dicht umwickelt, einen rauhen Türvorleger, in Katzenhöhe an die Wand genagelt, oder einen dicken Ast, zwischen Fußboden und Zimmerdecke eingespannt, wird die Katze gerne annehmen. Ich habe für meine Katzen ein Holzbrett mit einem übriggebliebenen Stück Teppichboden bezogen und schräg gegen das Fensterbrett gelehnt, auf dem sie mit Vorliebe sitzen. So können sie daran nicht nur kratzen, sondern darüber auch ihren Lieblingsplatz bequem erreichen.

die das Revier einer Katze abstecken (siehe dazu auch das Kapitel Zuhause und Unterwegs).

An den Pfotenballen sitzen nämlich Schweiß- und Duftdrüsen, deren Absonderungen beim Kratzen den individuellen Geruch einer Katze übertragen. Schließlich und endlich ist das Krallenwetzen auch noch eine optische *Dominanzgebärde*, wie es die Verhaltensforscher nennen. Aus Langzeitstudien im Freiland wissen wir, daß freilebende Katzen in Anwesenheit von Artgenossen viel häufiger ihre Krallen schärfen, als wenn sie allein sind. Vor allem dominante Tiere (Kätzinnen wie Kater) suchen sich dazu bisweilen ganz untypische Stellen. Hauptsache ist, sie werden von unterlegenen Tieren beobachtet. Ein Imponiergehabe also, Angeberei auf kätzisch! Nur der Mensch in der Wohnung läßt sich von solcher Kratzerei in der Regel nicht beeindrucken. Er besteht gemeinhin darauf, daß sie auf die dafür vorgesehenen Kratzmöbel beschränkt bleibt. Mit geeigneten Erziehungsmaßnahmen ist dies in den allermeisten Fällen auch zu erreichen (siehe das Kapitel Spielen und Lernen).

In einigen Ländern, vor allem in den USA, war es eine Zeitlang sehr beliebt (und ist es zum Teil noch heute), bei Wohnungskatzen die Krallen der Vorderpfoten kurzerhand zu entfernen. Um ein Nachwachsen zu verhindern, werden sie mitsamt dem letzten Zehenglied amputiert. Da aber Krallen und Krallenwetzen zu einer integren Katzenpersönlichkeit gehören, stellt eine solche „Anpassungsmaßnahme" nicht nur eine körperliche, sondern auch eine psychische Verstümmelung der Katze dar. In Deutschland, Österreich und der Schweiz ist die Krallenamputation gesetzlich verboten.

Sauberkeit beim Harnen und Koten

Das Entleeren von Blase und Darm ist für die Katze ebenso wie für alle anderen Tiere eine natürliche Selbstverständlichkeit. Zu einem zentralen Punkt der Aufmerksamkeit wird das Thema eigentlich erst bei Katzen, die in der Wohnung gehalten werden. Dort nämlich stehen sich die (verständlichen) Wünsche des Menschen und die Bedürfnisse der Katze zunächst konträr gegenüber. Zum Glück läßt sich fast immer ein für beide Seiten akzeptabler Kompromiß in Form einer Katzentoilette finden. Auch hier zeigt sich wieder, wie anpassungsfähig die Katze in ihrer Lebensweise ist und wie bereitwillig sie sich in die Alltagsordnung ihrer Menschenfreunde einfügt. Nur die wenigsten Katzen sind echte Sturköpfe.

Eine freilebende Straßen- oder Bauernhofkatze benutzt

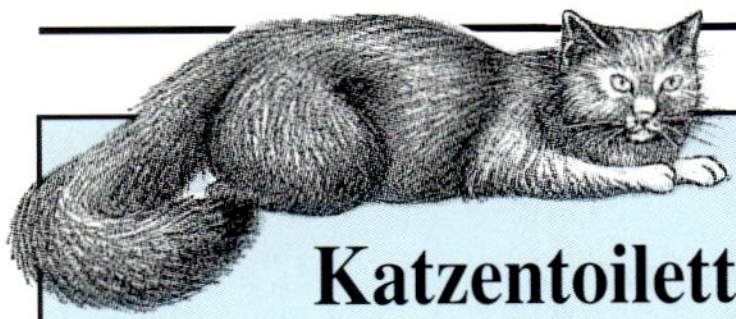

Wohin mit der Katzentoilette?

Katzen wollen ungestört sein, wenn sie ihr „Geschäft“ erledigen. Stellen Sie daher die Katzentoilette abseits von stark begangenen Bereichen der Wohnung auf. Aber gut zugänglich muß sie schon sein; manchmal haben es nämlich auch Katzen ziemlich eilig, die Toilette zu erreichen! Plazieren Sie das Katzenklo auf keinen Fall in der Nähe des gewohnten Freßplatzes.

Auch von den bevorzugten Schlafplätzen sollte es nach Möglichkeit ein gutes Stück entfernt sein. Leben zwei oder mehr Katzen in häuslicher Gemeinschaft, brauchen sie auch mindestens zwei Katzentoiletten. Aber auch für eine einzelne Katze sind zwei „Örtchen“ kein übertriebener Luxus. Sie kommen vielmehr ihren natürlichen Gepflogenheiten entgegen, verschiedene Harn- und Kotplätze zu benützen. Stellen Sie sie am besten in verschiedenen Räumen auf.

Die Katze sollte in das Kistchen oder die Wanne ohne Mühe hineinsteigen und, einmal drin, über den Rand hinausschauen können. Die Größe muß so bemessen sein, daß sich die Katze darin auch umdrehen kann, ohne eingeengt zu sein; mindestens sollte sie 30x40 cm betragen. Als Streu verwenden Sie am besten eine „moderne“ Katzenstreu aus dem Fachhandel. (Verglichen damit sind Materialien wie Zeitungsschnitzel, Torfmull, Sägespäne oder Sand zwar billiger, machen aber ungleich mehr Arbeit: Sie fliegen beim Scharren viel weiter oder bleiben an den Pfoten hängen und werden so in der ganzen Wohnung verbreitet.)

Schütten Sie die Streu etwa 4–5 cm hoch auf, und wechseln Sie sie regelmäßig, mindestens einmal pro Woche, bzw. entfernen Sie täglich die Exkremente daraus. Die im Handel angebotene „Bio“-Katzenstreu kann auf dem Komposthaufen entsorgt werden. Entfernen Sie aber vorher den Kot daraus. Neuerdings gibt es auch deodorierende Streu und parfümierte Katzentoiletten. Hier rate ich zu vorsichtiger Zurückhaltung: Nicht alle Katzen empfinden deren Gerüche als angenehm, manchen „stinkt es“, und sie weigern sich, diese Katzentoilette weiter zu benützen.

keine festen Harn- und Kotplätze. In zahlreichen Beobachtungsstudien hat man dennoch eine Reihe von kätzischen „Kloregeln“ festgestellt: Katzen harnen im allgemeinen nicht am selben Ort, an dem sie auch ihren Kot absetzen. Und auf keinen Fall werden Exkremente in der Nähe von Schlafplätzen oder des üblichen Freßplatzes abgesetzt. Während Harn normalerweise einfach im Boden versickert, wird Kot von vielen Katzen sorgfältig verscharrt. Aber durchaus nicht von allen! Sie tun es nämlich nicht aus einem Bedürfnis nach Sauberkeit heraus, es ist vielmehr ein Zeichen der Rangordnung. Das Verscharren des Kots ist typisch für untergeordnete Katzen, die damit die Ausbreitung des Geruchs zu verhindern bzw. verringern suchen. Dominierende Katzen dagegen lassen ihren Kot offen liegen, wohl als eine Art „Duftdrohung“: „Hier war ich und ich bin stark! Wage es niemand, meinen Interessen in die Quere zu kommen!“ Damit diese Botschaft möglichst viele Katzen mitbekommen, deponieren solche Despoten ihren Kot gewöhnlich an exponierten, oft sogar erhöhten Plätzen.

Der Geruch der Ausscheidungen hat also für Katzen die Funktion einer Art Visitenkarte. Sie können ihn ganz offensichtlich ihnen bekannten Katzen individuell zuordnen (siehe dazu auch das Kapitel Verstehen und Mißverstehen).

Auch am selbstproduzierten Geruch sind Katzen stark interessiert. Sobald sie ihr „Geschäft“ erledigt haben, schnuppern sie daran. Ebenso pflegen sie während des Zuscharrens wiederholt zu schnuppern, wohl um den schon erreichten Grad der Geruchsabschwächung zu kontrollieren.

Bisweilen hat das Putzen eine so beruhigende Wirkung auf die Katze, daß sie darüber alles zu vergessen scheint – sogar, die Zunge wieder zurückzuziehen.

Die Tatsache, daß Hauskatzen, die ihr Heim mit Menschen teilen, in aller Regel ihre Hinterlassenschaften sorgfältig verscharren, läßt darauf schließen, daß sie den Menschen stets als dominierende „Superkatze" empfinden. Zeigt man jungen Kätzchen bei ihren frühen Ausflügen aus dem Nest, wo sie eine Katzentoilette finden können, lernen sie mühelos, diese bestimmungsgemäß zu benutzen. Auch wenn sie als Jungkatzen in ein neues Heim kommen, brauchen sie die entsprechenden Örtlichkeiten nur einige Male gezeigt bekommen, schon haben sie es kapiert. Kommt es bei einer Katze zur „Unsauberkeit", d. h., harnt oder kotet die Katze neben ihre Toilette oder an einem anderen Platz in der Wohnung, kann das organisch bedingt und krankhaft sein. In den meisten Fällen ist es aber eine Verhaltensstörung, die auf „menschliches Versagen" im Zusammenhang mit der Sauberkeit der angebotenen Katzentoilette zurückzuführen ist (siehe auch das Kapitel Alter und Krankheit).

Eine Katze, die in ihrem Wohnrevier keine absolut dominierende Stellung innehat, vergräbt ihren Kot geflissentlich. Auf lockerem Untergrund, sei es in der Einstreu eines Katzenkistchens oder im winterlich brachliegenden Blumenbeet, gräbt sie ein Loch, erledigt ihr „Geschäft" und scharrt es sorgfältig zu. Nur ranghohe und sehr selbstbewußte Katzen, in der Regel Kater, lassen ihren Kot als provozierende „Duftdrohung" unbedeckt liegen.

SCHLAFEN UND TRÄUMEN

Katzen sind wahre Meister im Schlafen.
Rund zwei Drittel ihres Tages verbringen sie damit.
Der Schlafplatz muß warm und sicher sein.
An ihrer Körperhaltung kann man erkennen, ob eine Katze nur döst oder leicht schlummert oder ob sie gerade im Reich der Träume weilt

Die schlafende Katze ist ein Sinnbild wohlig-friedlichen Selbstvergessens! Auf einem weichen Kissen zierlich zusammengerollt, an einem sonnenbeschienenen Gartenplätzchen genüßlich ausgestreckt oder in einer wind- und blickgeschützten Deckung scheu verborgen, je nach den Lebensumständen eben, verbringen Katzen Stunden um Stunden mit Schlafen und Dösen.

Langschläfer der Meisterklasse

Von allen Beschäftigungen der Katze ist Schlafen bei weitem ihre liebste. Im Durchschnitt verbringt eine Katze von den 24 Stunden des Tages rund 16 Stunden mit Schlafen, also zwei Drittel ihrer Zeit. Für Leser, die Zahlenspielereien lieben: Eine zwölf Jahre alte Katze, deren Leben sich dem Ende zuneigt, war folglich nur vier Jahre lang wach. Die meisten anderen Säugetiere schlafen viel weniger als die Katze. Nur vom Opossum ist eine längere durchschnittliche Schlafdauer (täglich 18 Stunden) bekannt, und manche Fledermäuse bringen es zeitweise auf bis zu 20 Stunden Schlaf am Tag. Warum gerade die Katze so viel schläft, weiß man nicht. Wissenschaftler haben auf der Suche nach einer schlüssigen Begründung unterschiedliche Hypothesen

Eine Katze, die ihre eigene Hängematte hat, ist wirklich fein heraus. Auch wenn die Dinger beim Hineinsteigen reichlich wackelig sind, läßt es sich doch herrlich bequem darin schlafen.

aufgestellt. Eine davon lautet: Je höher der allgemeine Energiebedarf eines Tieres ist, desto sinnvoller sind möglichst lange Ruhezeiten, in denen der Energieverbrauch gedrosselt ist. Ein Raubtier benötigt für seine Jagdaktivitäten stets viel Energie. Da die Katze durch ihre perfekten körperlichen Voraussetzungen ein sehr erfolgreicher Jäger ist, spart sie bei der Nahrungsbeschaffung viel Zeit. Zeit, die sie zum Schlafen nützen kann. Eine weitere Arbeitshypothese von Schlafforschern geht davon aus, daß sich ein Tier, das von vielen Freßfeinden gejagt wird, nur kurze Zeiten der Unaufmerksamkeit leisten kann. Schliefe es zu selig, würde es wohl nicht lange überleben. Jäger andererseits können sich ausgiebigen Schlaf leisten, ohne sich gleich in Lebensgefahr zu bringen. Das gilt vor allem für diejenigen Raubtiere, die zum Schlafen ein geschütztes, für Feinde unerreichbares Versteck aufsuchen können. (Die Wildkatze zum Beispiel zieht sich dazu gerne in eine hochgelegene Baumhöhle zurück.)

Schlafzeiten

Katzen haben ein grundlegend anderes Schlafverhalten als wir Menschen. Während wir üblicherweise täglich acht Stunden an einem Stück, und zwar nachts, im Schlaf verbringen, halten Katzen über den ganzen Tag verteilt viele kürzere und längere Nickerchen. Wann genau und wie lange sie im einzelnen schlafen, kann man allerdings schwer verallgemeinern, denn es läßt sich weder von einer Katze auf die andere schließen, noch von einem Tag auf den nächsten. Die täglichen Schlafenszeiten sind nämlich stark beeinflußt vom Wetter, vom Alter der Katze und ihrem Gesundheitszustand, vom Grad des Hungers oder der Sättigung und nicht zuletzt von der Intensität ihrer momentanen sexuellen Interessen. Kalte oder regnerische Tage pflegen Katzen häufig zu verschlafen.

SCHLAFEN UND TRÄUMEN

Junge und sehr alte Katzen schlafen deutlich mehr als gesunde erwachsene. Ein leerer Magen macht ausgesprochen wach. Und wenn auf der Liebesszene im Revier gerade viel los ist, kann Kater wie Katze durchaus eine Reihe von Schläfchen ausfallen lassen.
Katzen, die in enger Gemeinschaft mit dem Menschen leben, sind in ihrem Tagesrhythmus erstaunlich anpassungsfähig. Vor allem die Katze eines Berufstätigen, die viel allein ist, sucht den sozialen Kontakt mit ihrem Menschen immer dann, wenn dieser zu Hause ist und Zeit für sie hat. Die Stunden des Alleinseins wird sie weitgehend verschlafen. Ob der Mensch ein Frühaufsteher oder ein „Nachtlicht" ist, die Katze paßt ihren eigenen Tagesrhythmus an den seinen an.

Katzen suchen sich die Plätzchen, die ihnen für ein Nickerchen geeignet erscheinen, sorgfältig aus: einen sonnenbeschienenen Balkon etwa, auf dem Topfpflanzen ein wenig Deckung und bei Bedarf auch etwas Schatten bieten, einen weich gepolsterten Stuhl (So ein praktisches Möbel können die Menschen doch unmöglich für sich alleine erfunden haben!) oder eine warme, etwas erhöhte Ecke im Hinterhof, wo man ungestört in den Tag träumen kann.

Gewisse angeborene, „wilde" Verhaltensmuster aber haben unsere Hauskatzen beibehalten. Fast alle Katzen sind im frühen Morgengrauen munter und auf den Beinen. Die freilebende Katze beginnt den Tag mit einem Pirschgang oder startet zu einem Kontrollgang durchs Revier, die Wohnungskatze stromert durch die Zimmer, und die Auslaufkatze macht einen kurzen Ausflug ins Freie. Noch aktiver werden sie in den frühen Abendstunden. Ihrem „wilden Erbe" nach sind Katzen typische Dämmerungsräuber. Das bedeutet, sie ziehen gewöhnlich bei Einbruch der Dämmerung auf die Jagd. In der Wohnung äußert sich dieses ererbte Verhalten nicht selten in wilden Jagdspielen, waghalsigen Kletterpartien und Jogging über den Korridor. Wenn der Bewegungsdrang nachgelassen hat, legt so manche Katze gleich noch einmal ein Nickerchen ein, bevor sie vielleicht zum gewohnten abendlichen Schmuseritual mit ihrem Menschen übergeht.

Schlafplätze

Bei der Auswahl ihres Schlafplatzes ist eine Katze eigen. Vor allem warm muß er sein

und vor Zugluft geschützt, möglichst auch etwas versteckt und gerne in erhöhter Lage. Die Wildkatze sucht sich im Wald gerne eine Höhlung in einem dicken, alten Baumstamm dafür aus, möglichst weit oben gelegen. Plätze, die Katzen in einer Wohnung für ihre Traumstunden auswählen, muten uns Menschen bisweilen recht seltsam an. Es muß nicht immer ein weiches Kissen oder eine kuschelige Sofaecke sein (obgleich dies sehr attraktive Schlummerplätze sind!), ein hartes Fensterbrett, unter dem ein Heizkörper wohlige Wärme verbreitet, steht noch höher im Kurs. Auch das Lüftungsgitter in der Kühlschrankabdeckung, durch das die Abwärme des Elektrogeräts aufsteigt, mag zum Lieblingsplätzchen des Hauskaters werden. Hauptsache, es ist warm! Für die Katze bedeutet ein warmer Schlafplatz die Möglichkeit, ihren Energieverbrauch ge-

Katzenkinder kuscheln gern! Das hält beim Schlafen nicht nur warm, sondern gibt auch ein beruhigendes Gefühl der Sicherheit, ganz wie im Nest bei Muttern.

ring zu halten. Es kostet sie keine Stoffwechselkalorien, den Körper gleichmäßig warm zu halten.

Die kätzische Vorliebe für warme Plätzchen geht so weit, daß so mancher Katzenbesitzer schon den Geruch versengten Fells wahrgenommen hat, wenn sich seine Katze zu nahe am offenen Kaminfeuer zur Ruhe gelegt hat. Katzenfell ist ein so guter Isolator, daß die immense Strahlungshitze des Feuers nicht die Haut darunter erreicht.

Katzen sind passionierte Sonnenanbeter. Befinden sie sich auf sicherem Gelände – innerhalb der Wohnung, draußen im kontrollierten Gartenrevier oder hoch droben auf dem Dach eines Schuppens oder Hauses –, nützen sie jedes sonnenbeschienene Fleckchen aus. Wandert die Sonne und damit auch das Fleckchen am Boden weiter, rutscht die Katze mit. Routinierte Katzen können das praktisch, ohne aufzuwachen. Nur an wirklich heißen Hochsommertagen zieht eine Katze schon mal den Schatten zum Schlafen vor. Dann verzieht sie sich aus der prallen Sonne lieber unter eine Hecke oder in den Halbschatten einer Staudenrabatte.

Schlaf ist nicht gleich Schlaf

Seit einigen Jahrzehnten haben es sich Wissenschaftler zur Aufgabe gemacht, jene Vorgänge zu erforschen, die sich während des Schlafs im Körper und vor allem im Gehirn abspielen. Dabei wurden besonders oft Katzen, die notorischen Vielschläfer, als Studienobjekte herangezogen. Wir sind daher heute über den Katzenschlaf besser informiert als über den anderer Lebewesen, unseren eigenen ausgenommen.

Der Schlaf ist durchaus kein absoluter Ruhezustand, wie man lange Zeit annahm. Das Gehirn arbeitet vielmehr auch während des Schlafens ständig weiter. Mit einem Elektroencephalographen (EEG) kann man die Gehirnaktivität eines Schläfers direkt messen und aufzeichnen. Dazu werden kleine Elektroden völlig schmerzlos an die Kopfhaut angelegt. Sie empfangen die schwachen elektrischen Impulse, die durch die Aktivität der Nervenzellen im Gehirn entstehen, verstärken sie und leiten sie an einen angeschlos-

Eine Bettstatt für die Katze, leicht und schnell gemacht

Katzen suchen sich ihren Schlafplatz in der Wohnung gern selber aus. Meist hat eine Katze zwei oder drei Lieblingsplätze, die sie regelmäßig „beliegt“.

Durch Anbieten eines katzengerechten „Betts“, an einem warmen, vor Zugluft geschützten und möglichst etwas verborgenen Ort, kann man aber fast jede Katze dazu bringen, an dem Platz zu schlafen, den man für sie ausgewählt hat.

Es muß durchaus kein teures Katzenkörbchen sein, wie sie in allen denkbaren Varianten und Dekoren im Handel erhältlich sind. Ein einfacher, stabiler Karton ist der Katze ebenso recht. Er muß aber so groß sein, daß sie sich in voller Länge darin ausstrecken kann. Durch eine dicke Lage Zeitungspapier am Boden und darüber eine zusammengefaltete Decke machen Sie die Liegestatt für die Katze gemütlich. Solch ein „Bettzeug“ kann im Bedarfsfall leicht ausgewechselt bzw. gewaschen werden. Meine eigenen Katzen lieben einen Schafwoll-Hirtenteppich (Flokati) als Schlafunterlage. Noch etwas: Den Schlaf der Katze sollte man als Bedürfnis nach Ruhe respektieren und sie dann alleine lassen.

Ein weiches, warmes Schaffell ist eine Schlafunterlage, von der eine Katze nur träumen kann. Beim Einschlafen sinkt der Kopf langsam auf die Pfoten nieder (links).

Aus dem ersten, leichten Schlaf ist die Katze nun in den Tiefschlaf hinabgeglitten. Ihre Muskulatur ist gänzlich entspannt, der Körper liegt völlig erschlafft da. Sie ist jetzt nur sehr schwer aufzuwecken (Mitte links).

Während kurze Tiefschlafphasen noch mehrmals mit Perioden seichten Schlafs abwechseln, verändert die Katze immer wieder ihre Körperhaltung (Mitte links, Mitte rechts).

Besonders putzig wirkt es auf uns, wenn sie so zusammengekringelt daliegt, auf ihrem Hinterkopf ruht und eine Pfote zierlich über die Nase oder gar die Augen deckt – eine bevorzugte Stellung vieler Katzen (rechts).

senen Schreiber weiter. Die endlosen Kurven- und Zackenlinien, die auf diese Weise im Schlaflabor zu Papier gebracht werden, geben den Schlafforschern Aufschluß über die Qualität des gerade beobachteten Schlafs. Es zeigte sich, daß im Schlaf der Katze (wie auch der meisten anderen untersuchten Säugetiere und des Menschen) zwei typische Muster der Gehirnaktivität regelmäßig auftreten. Während das EEG einer wachen Katze kleine, engstehende ungleichmäßige Zacken zeigt, schlägt der Schreiber bei einer dösenden oder leicht schlafenden Katze viel weiter aus und zeichnet lange, unregelmäßige Wellen. Meist liegt die Katze dabei, den Kopf noch erhoben und die Vorderpfoten unter die Brust geschlagen. Es kommt aber auch vor, daß die Katze im Sitzen eingeschlafen ist. Die Körpermuskeln behalten noch ihre Spannung, die

SCHLAFEN UND TRÄUMEN

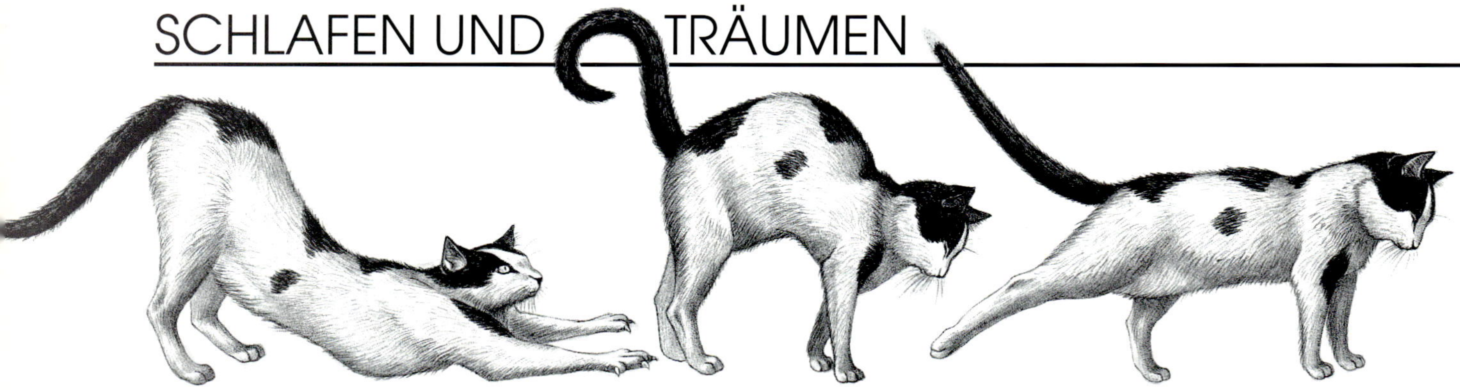

Katze ist in Bewegungslosigkeit erstarrt. Mann nennt diese Art Schlaf *ruhigen Schlaf* oder, nach dem Bild der dabei auftretenden Hirnwellen, *langsamen Schlaf*. Es ist ein seichter Schlaf, aus dem die Katze sehr leicht aufwachen kann. Diese Phase dauert in der Regel 15–30 Minuten, dann sinkt der Katzenkopf auf die Unterlage nieder, der Körper streckt sich aus, die Katze rollt sich auf die Seite. Das Bild des EEG verändert sich erneut:

Wenn die Katze aus dem leichten Schlaf hinabgleitet in die Phase des Tiefschlafs, werden die Zackenlinien des EEG wieder kleiner und enger. Nicht ganz so eng wie im Wachzustand und nicht ganz so ungleichmäßig, insgesamt aber ist die Gehirnaktivität im Tiefschlaf derjenigen einer wachen Katze erstaunlich ähnlich. Die Körpermuskulatur ist jedoch völlig entspannt, die Katze liegt erschlafft da. Sie ist jetzt nur sehr schwer aufzuwecken. Kein Wunder, daß die Schlafforscher diese Phase *paradoxen Schlaf* genannt haben. Manche sagen auch *schneller Schlaf* dazu, weil er von raschen Gehirnwellen begleitet ist. Im Durchschnitt dauert solch eine Tiefschlafphase bei einer Katze nur sechs Minuten, dann wird sie wieder von einer Phase leichten Schlafs abgelöst. Die Spannung des Katzenkörpers nimmt wieder zu, was ihm aber meist nicht anzusehen ist. Wenn sie nicht gerade gestört wird, bleibt die Katze in der Regel bequem der Länge nach ausgestreckt liegen. Bis zum Aufwachen wechseln die beiden Schlaftypen einander ab.

Katzenträume

Ein kennzeichnendes Merkmal des Tiefschlafs bei Menschen und Säugetieren sind kleine, schnelle Augenbewegungen. Diese „rapid eye movements" (REM) haben dem Tiefschlaf einen weiteren wissenschaftlichen Namen eingebracht, nämlich *REM-Schlaf*. Die raschen Bewegungen der Augäpfel hinter geschlossenen oder fast geschlossenen Lidern lassen sich auch ohne technische Geräte von jedermann beobachten. Von zahlreichen Versuchspersonen, die während des *REM-Schlafs* aufgeweckt wurden und von ihren momentanen Schlafeindrükken berichteten, weiß man, daß der *REM-Schlaf* die Phase der Träume ist.

Natürlich werden wir nie mit letzter Sicherheit wissen, ob auch eine schlafende Katze träumt, wenn ihre Augen zucken. Und über den Inhalt ihrer Träume können wir erst recht nur Vermutungen anstel-

Typische Streckgymnastik nach dem Erwachen (Zeichnung).

Hat dieses Nickerchen jetzt aber gut getan! Wenn Katzen nach einem längeren Schlaf erwachen (oben links), strecken sie sich meist ausgiebig (oben rechts, unten). Das lockert die Glieder und bringt den Kreislauf in Schwung. So wird man wieder fit für neue Unternehmungen.

len. So sehr sich die Wissenschaftler auch bemühen, Katzen können auf die Fragen der Schlafforscher nun einmal keine mündliche Auskunft geben. Aber wohl jeder, der eine schlafende Katze schon einmal beobachtet hat, ist überzeugt, daß sie lebhaft träumt. Da zucken die Pfoten, schlägt die Schwanzspitze, vibrieren die Tasthaare, drehen sich die Ohren und klappen die Kiefer, gerade als erlebe die Katze soeben verschiedene Szenen aus ihrem Katzenalltag. Und das alles bei ansonsten völlig erschlafftem Körper.
Warum gibt es Träume, wofür sind sie gut? Man weiß es nicht. Offensichtlich hat der *REM-Schlaf* jedoch irgendeine wichtige biologische Funktion. Menschen, die man im Schlaflabor durch gezieltes Aufwecken am Träumen hindert, leiden bald an psychischen Störungen und Halluzinationen. Bei ihren Schlafvergleichen quer durch die Tierwelt haben die Traumforscher herausgefunden, daß die REM-Phasen länger sind und das Träumen bedeutungsvoller wird, je höher entwickelt das Gehirn ist. Während man bei Fischen und Reptilien noch keine solchen Phasen kennt, haben Vögel *REM-Sequenzen* von knapp einer Minute Dauer, Ratten träumen etwa eine halbe Stunde am Tag. Der Mensch bringt es auf eineinhalb bis zwei Stunden Traum täglich. Die Katze aber übertrifft alle: Sie verbringt an die drei Stunden täglich im *REM-Schlaf.*

Das Erwachen

Bei einem alarmierenden Geräusch kann eine schlafende Katze blitzschnell auf den Beinen und auch sofort ganz aufmerksam und reaktionsbereit sein. Das uralte Erbe eines auf Überleben fixierten Wildtiers kommt hier zum Vorschein. Wacht eine Katze aber ungestört aus einem erholsamen längeren Schlaf auf, versteht sie es, eine Zeremonie daraus zu machen. Im Zeitlupentempo öffnen sich ihre Augenlider (ein geblendetes Blinzeln wäre einer Katze unwürdig), der Kopf hebt sich. Es folgt ein langes, herzhaftes Gähnen, bei dem man befürchten möchte, die Katze renkt sich den Kiefer aus. Dann steht sie aber nicht einfach auf, sie erhebt sich vielmehr, ebenfalls in Zeitlupe. Nun folgt eine obligatorische Streckgymnastik, um die steifen Glieder zu lockern und den Kreislauf wieder in Schwung zu bringen. Die Übungen werden fast immer in derselben Reihenfolge absolviert: Zuerst die Vorderbeine weit nach vorn gestreckt, den Rücken zugleich zu einem Hohlkreuz durchgedrückt, wölbt sie diesen dann zum klassischen Katzenbuckel. Schließlich macht sie zwei, drei Schritte nach vorn und streckt dabei die Hinterbeine einzeln nach hinten durch. Das wär's. Die allermeisten Katzen setzen sich nun erst einmal hin und beginnen sich zu putzen. Sei es, um das vom Liegen verdrückte Fell wieder ordentlich glatt zu streichen oder nur um Zeit zu gewinnen für die Entscheidung, was nun als nächstes zu tun sei.

Ach, wie herrlich faul kann so ein Katzenleben sein!

KATZENVERHALTEN

LUST UND LIEBESLEBEN

Katzen stehen in dem Ruf, ein geradezu ausschweifendes Liebesleben zu führen. Die „hohe Zeit“ dafür ist alljährlich der Februar. Haben sich Kater und Kätzin gefunden, kommen sie sich im Laufe eines reichlich komplizierten Werbungsrituals allmählich näher. Die Entscheidung, ob und wann es zur Paarung kommt, liegt stets bei der Kätzin. Oft werben mehrere Freier gleichzeitig um sie, doch die Katze weiß meist ganz genau, welcher davon ihr zusagt. Das muß durchaus nicht immer der stärkste und prächtigste sein – und vor allem auch nicht jeden Abend derselbe.

Durch die Jahrhunderte galt die Katze als Symbol für Sex und Fruchtbarkeit. Das wundert einen überhaupt nicht, wenn man schon einmal in den Genuß gekommen ist, das Liebesleben der Katzen live mitzuerleben. Kaum ein anderes Tier stellt sein Intimleben so ungeniert zur Schau wie die Katzen. Der Drang nach dem anderen Geschlecht ist bei ihnen wirklich weder zu übersehen noch zu überhören.

Liebesgesänge und andere Katzenmusik

In Vorstadtgärten, Hinterhöfen und überall sonst, wo Katzen leben, kann es in manchen Nächten ganz schön laut hergehen. Die leidenschaftlichen und lautstarken Töne aus Katzenkehlen haben schon manchen um seine verdiente Nachtruhe gebracht. Ein Eimer Wasser, aus dem Fenster in die schwarze Nacht geschüttet, trifft selten sein Ziel und zeitigt kaum mehr Erfolg als einige Minuten abwartender Stille, bis die nächste „Strophe" anhebt. Gemeinhin wird die ganze „Katzenmusik" über einen Kamm geschert und für den Minnegesang der Kater gehalten – ein weitverbreiteter Irrtum. Vor allem, wenn die Brunstzeit der Katzen zweimal im Jahr, ab Mitte Januar bis etwa Anfang März und noch einmal, in abgeschwächter Form, im Juni/Juli, einen Höhepunkt erreicht, sind auch Auseinandersetzungen unter den Katern ganz besonders häufig. Ihr drohendes Kriegsgeheul kann sich zu einem kreischenden Fortissimo steigern, wenn der Kampf ernst wird. Ganz anders, sanft und lockend, klingen Katzen-Liebeslieder, an denen Kater wie Kätzinnen gleichermaßen beteiligt sind. Sie gurren und schnurren, maunzen und miauen mit wahrer Inbrunst und oft stundenlang. Der Dichter Victor von Scheffel nannte es „ein Geräusch, das Stein' erweichen und Menschen rasend machen kann."

Die Liebeslust der Kätzin

Die weibliche Katze wird gewöhnlich mit 7–9 Monaten geschlechtsreif, spätestens aber mit einem Jahr. Siamesinnen sind häufig frühreif und rufen schon mit einem halben Jahr nach dem Kater. Man nennt eine brünstige Katze „rollig", und wer diesen Zustand schon einmal miterlebt hat, fragt bestimmt nicht, woher diese Bezeichnung kommt. Die meisten Tierärzte

Die Kätzin gestattet es dem Kater erst nach langer, geduldiger Werbung, sie zur Paarung zu besteigen. Der eigentliche Deckakt dauert dann nur wenige Sekunden.

Hingebungsvoll wälzt sich eine rollige Katze am Boden. Dazwischen reibt sie Kopf und Flanken an den verschiedensten Gegenständen, um dort ihre Duftmarken zu setzen. Kein Kater kann solch ein vielversprechendes Gebaren übersehen (oben). Wenn die Kätzin schließlich paarungsbereit ist, präsentiert sie dem Kater mit durchgedrücktem Kreuz und zur Seite gehobenem Schwanz ihre Geschlechtsteile. Diese Körperhaltung ist eine unmißverständliche Einladung an den Auserwählten, zur Paarung aufzusteigen. Durch einen sanften Druck mit der Hand von oben auf das Becken der Katze läßt sich leicht das Stadium ihrer Brunst feststellen (rechte Seite): Ist sie paarungsbereit, reagiert sie darauf todsicher mit einer „Einladungspose".

Was läßt sich bei und gegen Rolligkeit tun?

Eine rollige Kätzin ruft nicht nur nach dem Kater, sie will auch zu ihm. Die Hartnäckigkeit und Findigkeit, die eine Katze aufbringen kann, um aus dem Haus auszubüchsen, wird meist unterschätzt. Am besten versuchen Sie gar nicht erst, Ihre Katze in dieser Zeit eingesperrt zu halten. Sie schaffen es doch nicht! In irgendeinem unachtsamen Moment steht irgendeine Tür einen Spalt breit offen …

Falls Sie es doch geschafft und nervlich einigermaßen unbeschadet überstanden haben, freuen Sie sich nicht zu früh! In 3–4 Wochen kann das Theater von vorne losgehen. Wird das Bedürfnis der Katze überhaupt nicht befriedigt, kann es sogar nach einiger Zeit zu einer (krankhaften) Dauerrolligkeit kommen. Spätestens dann wird die ganze Geschichte nicht nur für Sie, sondern auch für die Katze zur Qual.

Wenn Sie also nicht mit schöner Regelmäßigkeit einen Wurf junger Kätzchen im Haus haben wollen, hilft als Dauerlösung nur die Kastration der Kätzin. Eine Sterilisation, bei der die Eileiter abgebunden werden, verhindert zwar eine Trächtigkeit, ändert aber nichts am Rolligkeitsproblem. Bei einer Kastration entfernt der Tierarzt operativ die Eierstöcke samt Gebärmutter der Katze. Das hat nicht nur Unfruchtbarkeit zur Folge, sondern auch, daß die Katze von nun an nicht mehr oder höchstens nur noch andeutungsweise „rollt".

Übrigens: Die „Pille für die Katze" stellt bestenfalls eine vorübergehende Lösung dar, etwa wenn eine Zuchtkatze eine Weile nicht trächtig werden soll. Über längere Zeit angewandt, kann diese Hormonbehandlung zu Gebärmutterentzündungen führen.

haben schon besorgte Anrufe erhalten wegen einer Katze, die angeblich Krämpfe hat und sich vor Schmerzen am Boden wälzt. Wenn sie dazu noch unruhig wirkt, kaum frißt, unentwegt merkwürdige Laute von sich gibt und sich überhaupt ziemlich verrückt benimmt, ist die Diagnose meist schon klar: Die Katze ist ganz einfach nur rollig.

Aber das Umherrollen am Boden ist nicht das einzige Zeichen, mit dem die Kätzin ihr Verlangen nach dem Kater kundtut. Sie zirpt und gurrt, „plaudert" geschwätzig oder ruft mit klagend-monotoner Stimme, auf daß ein vorbeikommender Katzenkavalier sie endlich hören möge. Sie reibt Kopf und Flanken an allem, was ihr in die Quere kommt, an Steinen, Pfosten, Möbeln, Menschenbeinen. Sie präsentiert mit durchgebogenem Kreuz und mit zur Seite gehaltenem Schwanz ihr Hinterteil. Und dann rollt sie sich wieder – und rollt und rollt.

Aber wie im Charakter der Katzen allgemein, zeigen sich auch in ihrem Verhalten während der Rolligkeit deutliche individuelle Unterschiede. Es gibt zurückhaltende, eher scheue Katzendamen, die in dieser Zeit zu mannstollen Nervensägen werden, und ruhige, ausgeglichene (oft schon ältere und erfahrene) Kätzinnen, denen man „ihre Tage" kaum anmerkt. (Die Kater der Umgebung merken es natürlich schon, das wäre ja gelacht! Die haben eine feine Nase dafür.) Bei temperamentvollen Katzen kann sich die Rolligkeit zu einem wahren Naturereignis gestalten.

Normalerweise wird eine freilaufende Kätzin zweimal im Jahr rollig, und die Hitzeperiode hält 8–10 Tage an, wirklich paarungsbereit ist sie aber nur während 3–4 Tagen. Findet sie in dieser Zeit keinen Kater, der sie deckt, kann es schon 3–4 Wochen später zu einer erneuten Rolligkeit kommen. Aber auch darin gibt es große individuelle Unterschiede. Es gibt Katzen, die, auch wenn sie nicht gedeckt sind, nur alle paar Monate, im Extremfall nur zweimal jährlich in Hitze kommen. Bekannt dafür sind Perserdamen.

In der Natur wird die Fortpflanzungsbereitschaft der Kätzinnen von der Tageslänge gesteuert. Ab Oktober, wenn die Tage schon merklich kürzer werden, macht die Katzenliebe eine längere Pause. Während des Winters geborene Katzenbabys hätten ja kaum eine Chance zu überleben. Im Versuch kann man diese Winterpause verkürzen oder aufheben, indem man die Katzen einer zusätzlichen künstlichen Beleuchtung aussetzt. Dann werden auch Bauernhofkatzen statt im Februar schon im November wieder rollig. Folgerichtig können Wohnungskatzen, die bei regelmäßig 12–14 Stunden Licht pro Tag leben, zu jeder Zeit des Jahres rollig werden.

Sexuelle Aktivitäten des Katers

Die Pubertät zieht sich bei einem Jungkater ziemlich lange hin. Bereits im vierten Lebensmonat setzt die Bildung

LUST UND LIEBESLEBEN

Ein Kater hat allerhand zu tun, um sein Streifgebiet unter Kontrolle zu behalten und über die Brunstverhältnisse der Katzendamen darin stets auf dem laufenden zu sein. Hat er eine rollige Kätzin ausfindig gemacht, gilt es, seiner Präsenz durch häufige Duftmarkierungen Ausdruck zu verleihen. Durch den an verschiedene Geländemarken gesprühten Urin (oben) bringt sich der Kater bei seinen Rivalen in Erinnerung und bezeugt diesen, daß er Anspruch erhebt auf die Damenwelt in diesem Gebiet. Bei persönlichen Begegnungen mit weiblichen Katzen ist der Kater höchst erpicht darauf, deren Hinterteile geruchlich zu überprüfen (Mitte). Je deutlicher die Kätzin nach Brunst riecht, desto hartnäckiger wird er sich als Freier an ihre Fersen heften. Läßt er die Dame allzu lange aus den Augen, schnappt sie ihm womöglich ein anderer Kater buchstäblich vor der Nase weg. Ist er dagegen allzu voreilig und nähert sich ihr zu aufdringlich, läßt ihn die Katzendame rüde wissen, daß sie noch nicht zu einem Liebesabenteuer bereit ist. Die Krallen erboster Kätzinnen sprechen eine deutliche Sprache (unten).

des männlichen Geschlechtshormons Testosteron ein, das die Reifung sowohl der Geschlechtsorgane als auch des katertypischen Paarungsverhaltens steuert. Im Alter von 6–8 Monaten „üben" manche Kater schon eifrig bei jeder Katzendame, derer sie habhaft werden. Erfolgreich decken können sie allerdings gewöhnlich erst ab dem 9.–12. Lebensmonat. Freilebende Kater kommen aber erst mit 3–4 Jahren zum Zug, wenn sie sich einen ausreichend hohen Platz in der Katergesellschaft erworben haben und nicht mehr von der Konkurrenz um die Damen ausgeschlossen sind.

Geschlechtsreife Kater sind das ganze Jahr über zu Liebesabenteuern fähig, aber nicht immer gleichermaßen darauf versessen wie im erwachenden Frühjahr. Von Unruhe getrieben, streifen sie dann weit umher, immer auf der Suche nach dem unwiderstehlichen Duft einer rolligen Katze. Ganze Nächte lang kommen sie nicht nach Hause. Reviergrenzen werden plötzlich ignoriert, die Übereinkommen der „Bruderschaften" (siehe das Kapitel Zuhause und Unterwegs) vorübergehend außer Kraft gesetzt. Zwischen den Katern einer Gegend kommt es zu zahlreichen Kämpfen, noch bevor überhaupt eine Katzendame in Sicht ist, zur Vorabklärung der Verhältnisse sozusagen.

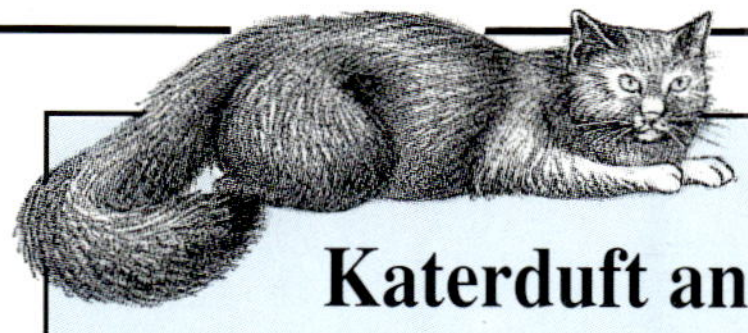

Was tun gegen Katerduft an Türstöcken und Möbeln?

Leider ist dagegen wenig zu machen, wenn es bereits passiert ist. Handelsübliche Putzmittel oder Deodorantien helfen nicht viel. Am ehesten kann man den Geruch mit verdünntem Salmiakgeist mildern. Auch einige Tropfen Zitronenöl im Wischwasser überdecken das Katerparfum so einigermaßen.

Obwohl Kater in puncto Spritzen sehr unterschiedlich aktiv sind, muß man sagen, daß 99 % aller unkastrierten Kater diese Art der Selbstdarstellung betreiben. Dagegen hilft nur die Kastration (und die nicht einmal mit Sicherheit). Durch die Sterilisation, bei der nur die Samenleiter durchtrennt werden, erreicht man außer der Unfruchtbarkeit des Katers nichts. Er behält seinen Sexualtrieb und wird weiter seine Duftmarken setzen.

Am besten lassen Sie Ihren Kater kastrieren, bevor er vollends geschlechtsreif ist. Dadurch wird nicht nur sein Geschlechtstrieb, sondern auch sein Drang zum Spritzmarkieren von vornherein unterdrückt. Liefern Sie ihn dem Tierarzt erst zu einem späteren Zeitpunkt unters Messer, hat er bis dahin vielleicht einen ausgeprägteren, dicken Katerkopf entwickelt, verliert aber möglicherweise seine sexuellen Interessen inklusive der leidigen Spritzerei nie mehr ganz.

Ganz nebenbei: Wenn Sie Ihr Heim mit einer Kätzin teilen und eines Tages den typischen Markierungsgeruch wahrnehmen, verdächtigen Sie nicht gleich Nachbars Kater! Sie könnten ihm (ausnahmsweise) Unrecht tun. Manchen Katzendamen fällt es nämlich plötzlich ein, auch solche duftenden Visitenkarten in ihrer Umgebung zu verteilen. Allerdings riecht ihr Parfum nicht ganz so streng wie das der Kater.

Zur nachdrücklichen Betonung ihrer Präsenz verteilen die brünstigen Kater an allen Stellen, die ihnen strategisch wichtig erscheinen, ihre persönlichen Visitenkarten in Form einiger Urinspritzer. Sekrete aus Analdrüsen, die dem Urin für diesen Zweck beigemischt sind, verleihen diesem eine reichlich strenge Duftnote, Marke „Raubtierhaus". Da viele Kater in ihrem eigenen engeren Heim

Der Urin einer brünstigen Kätzin hat für die feine Katernase ein besonders interessantes Aroma. Sorgfältig prüft der Kater die betreffende Stelle am Boden.

LUST UND LIEBESLEBEN

Lebt der Kater in häuslicher Gemeinschaft mit der Kätzin, hat er es leicht, stets Kontrolle über ihre Paarungsbereitschaft zu behalten. In den „kritischen Tagen" verfolgt er sie oft auf Schritt und Tritt und prüft am Geruch ihrer Geschlechtsteile den Stand ihrer Brunst (oben).
Viele Kater verhalten sich in den Tagen ihrer Liebeswerbung wie verliebte Romeos. Sie suchen nicht nur die stete (kontrollierende!) Nähe der Kätzin, sondern spielen, schmusen und tändeln zärtlich mit ihr (Mitte). Allerdings ist dadurch noch lange nicht gewährleistet, daß die Kätzin, wenn es schließlich „ernst wird", nicht einem anderen, plötzlich von irgendwoher auftauchenden Kater den Vorzug gibt. Die wenigsten Kätzinnen zeigen Sinn für partnerschaftliche Treue. Die meisten paaren sich in den Tagen ihrer Hochbrunst mit mehreren Katern, sofern sie die Gelegenheit dazu haben. Unmißverständlicher Ausdruck ihrer Paarungsstimmung ist ein flaches Anpressen an den Boden bei zugleich erhobenem Hinterteil und zur Seite gehaltenem Schwanz (unten). Deutlicher kann die Aufforderung zum Besteigen nun wirklich nicht ausfallen!

auf diese Art der Selbstdarstellung verzichten und ihren „Stoff" lieber in der Wohnumgebung der Kätzinnen plazieren, trifft dieses Ungemach weniger die Kater- als vielmehr die Kätzinnenhalter. Einige Kater allerdings meinen starrköpfig, auch ihre eigenen Lieblingsplätzchen in der Wohnung regelmäßig parfümieren zu müssen.
Hat der Kater erst einmal irgendwo eine rollige Katze ausfindig gemacht, taucht er dort regelmäßig auf. Er ist darauf erpicht, den Geruch ihres abgesetzten Harns zu kontrollieren, wartet geduldig auf das Erscheinen der Kätzin und ruft nach ihr – kurz: Er bleibt am Ball.

Katzenhochzeit

Meist werben mehrere Kater um eine rollige Kätzin. Bei Katzen, wie übrigens bei den meisten Säugetieren, herrscht das Prinzip der Damenwahl. Und die Kätzin entscheidet sich beileibe nicht immer für den stärksten Muskel- und Sexprotz unter ihren Freiern. Nicht selten fällt ihre Wahl ausgerechnet auf einen recht schmächtigen, schüchternen oder besonders schäbigen Kater. Da läßt sie sich nicht dreinreden.

Jeder Kater geht ein wenig anders vor, um bei einer Katze Erfolg zu haben. Vor allem darf er sich ihr nicht zu rasch nähern, will er nicht riskieren, daß sie flieht oder ihn mit Fauchen und Pfotenschlägen empfängt. Auch jede Kätzin hat ihre eigene „Masche" beim Paarungsvorspiel. Bei den meisten gehört eine sogenannte *Kokettierflucht* dazu, wobei sie jedesmal nur ein kurzes Stück weit flieht, sich dann hinsetzt und den Kater erneut mit Gurren und zarten Rufen anlockt. Eine vielfach bewährte Taktik erfahrener Kater besteht darin, zunächst etwas abseits zu warten, bis die Aufmerksamkeit der Kätzin nachläßt und sie wegschaut. Dann eilt er einige Schritte näher. Dreht die Katze unverhofft den Kopf zu ihm zurück, spielt er den Unbeteiligten, der rein zufällig gerade in der Nähe ist, setzt sich hin, schaut in die Luft, putzt sich gar. Dieses Spielchen kann sich wiederholen, bis die Kätzin in „greifbarer" Nähe ist. Kommt dann keine ersichtliche Abwehr von ihrer Seite, springt der Kater zu ihr hin, packt sie mit den Zähnen am Nackenfell und reitet auf. Andere Kätzinnen brauchen erst gar nicht so überrumpelt zu werden, sondern bieten sich dem Kater von sich aus mit durchgedrücktem Kreuz und hochgerecktem Hinterteil an.

Der Haltegriff des Katers im Nacken der Katze bewirkt, daß sich diese während der Paarung nicht mehr bewegt.

Nicht wenige Katzenpaare legen in der Paarungszeit eine rührende Zuneigung an den Tag, vor allem wenn sich die beiden Tiere bereits gut kennen. Sie wirken dann tatsächlich wie verliebte Teenager, die keine Gelegenheit auslassen, Zärtlichkeiten auszutauschen oder einfach nur nahe beieinander zu sein. Bei Katzen mit freiem Ausgang wurde schon oft beobachtet, daß sich zur Paarungszeit über viele Jahre hinweg stets derselbe „Liebhaber" einfand.

Szenen einer Katzenliebe: Wenn die Kätzin auf dem Höhepunkt ihrer Rolligkeit schließlich die Annäherung des Katers erlaubt, geht alles Weitere recht schnell. Der Kater nimmt die Katze, die sich vor ihm mit hochgerecktem Hinterteil auf den Boden duckt, zwischen die Beine, packt sie mit den Zähnen am Nackenfell und vollzieht mit schnellen Beckenstößen den Deckakt. Das abschließende Zurückziehen des Penis ist für die Kätzin ziemlich schmerzhaft. Meist stößt sie dabei einen kurzen Schrei aus und wendet sich daraufhin höchst aggressiv gegen den Kater. (Zeichnung)

(Das ist durch denselben Reflex bedingt, der auch Jungkätzchen in Bewegungslosigkeit fallen läßt, wenn sie von ihrer Mutter am Nacken hochgehoben werden.) Der Kater nimmt die Katze zwischen die Vorderbeine und sucht mit seinem erigierten Penis ihre Geschlechtsöffnung. Die eigentliche Paarung dauert nur wenige Sekunden. Kaum ist sie beendet, stößt die Katze einen heftigen Schrei aus und wendet sich meist sehr aggressiv zum Kater um. Wenn sich dieser nicht schleunigst zurückzieht, attackiert sie ihn fauchend und mit Krallenhieben. Der Grund für diesen plötzlichen Sinneswandel sind kurze, nach rückwärts gerichtete Stacheln am Penis des Katers. Sie reizen beim Zurückziehen schmerzhaft die Wände der weiblichen Scheide. Es wird vermutet, daß diese heftige Stimulierung der Scheide notwendig ist, um bei der Katze den Eisprung auszulösen.

Unvermittelt setzt sich die Katze dann hin und beginnt, ihre Genitalgegend zu belecken. Schon wenige Minuten nach dem Deckakt ist sie aber erneut zu einer Paarung bereit.

Die meisten Kätzinnen lassen sich nacheinander mit mehreren Katern ein. Das führt dazu, daß die Kätzchen eines Wurfs verschiedene Väter haben können. Es gibt aber auch den Fall, daß eine Kat-

ze über längere Zeit immer nur einem bestimmten Kater ihre Gunst gewährt, obwohl es nicht an weiteren Interessenten mangelt.
Bei Partnern, die sich sehr gut kennen, verläuft die Paarung übrigens viel ruhiger, gelassener, selbstverständlicher. Die Kätzin kauert sich in Begattungsstellung vor den Kater hin und blickt ihn über die Schulter auffordernd an. Er besteigt sie, häufig ohne Nackenbiß, und vollzieht den Geschlechtsakt.

Es ist eine Irrmeinung, Katzen würden sich nur in der Dunkelheit der Nacht paaren. Ein Kater, der hinter einer rolligen Kätzin her ist und an ihrem Verhalten erkennt, daß sie seine intime Annäherung nun dulden wird, kümmert sich nicht um Hell oder Dunkel, auch nicht um anwesende zwei- oder vierbeinige Zuschauer – vorausgesetzt, er befindet sich auf bekanntem Terrain und fühlt sich sicher.

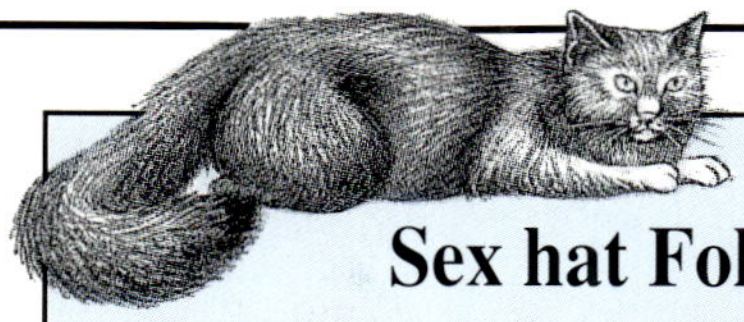

Sex hat Folgen!

Katzen sind überaus fruchtbare Tiere. Eine Hauskatze kann es pro Jahr auf bis zu drei Würfe mit durchschnittlich 4–5 Kätzchen bringen. Stellen wir wieder einmal ein Rechenexempel auf: Angenommen, eine Katze ziehe im Jahr insgesamt 14 Junge groß und diese bekämen jeweils im Alter von einem Jahr ihrerseits Junge, und zusätzlich angenommen, es seien immer gleich viele Männchen und Weibchen und alle überlebten, dann wird die Nachkommenschaft dieser einen Katze in nur fünf Jahren auf 65 536 Enkel, Urenkel und Ururenkel angewachsen sein. Eine theoretische Zahl, natürlich! Aber sie sollte Sie nachdenklich machen.
Zweifellos gibt es nichts Schöneres, nichts Rührenderes, nichts Faszinierenderes, als eine Katzenmutter beim Betreuen und Erziehen ihrer Jungen zu beobachten. Aber wissen Sie auch, wo Sie die Kleinen später unterbringen können? Einfach aussetzen kommt nicht in Frage, das versteht sich wohl von selbst. Zu bedenken ist auch, daß eine abgeschlossene Wohnung oder gar ein Einzimmerappartement nicht mehr unbedingt neuwertig aussieht, nachdem eine Geschwisterbande heranwachsender Katzen einige Wochen lang darin gehaust hat. Sind Sie aufgrund reiflicher Überlegungen zu der weisen Einsicht gekommen, lieber doch keinen Wurf Katzenkinder großziehen zu wollen? Dann lassen Sie Ihre Katze umgehend kastrieren!
Die allermeisten Wohnungskatzen und -kater werden heutzutage kastriert. Eine solche „Verstümmelung“ hat für die Tiere nicht dieselbe Bedeutung, die sie für den Menschen hätte. Die Tiere können ja nicht solchen theoretischen Gedanken nachhängen wie zum Beispiel: „Wie wäre es wohl, wenn ich noch könnte?“ Für sie ist die Kastration lediglich eine Erleichterung, denn sie werden von einem vergeblichen Verlangen nach etwas befreit, das ihnen in ihrer Lebenssituation nicht geboten werden kann. Unter der Kastration leidet Ihre Katze sicherlich nicht, wohl aber unter einer periodisch wiederkehrenden Frustration, wenn sie ihren Sexualtrieb nicht ausleben darf.

VERSTEHEN UND MISSVERSTEHEN

Einer Katze stehen vielfältige Ausdrucksmöglichkeiten zur Verfügung. Durch Laute, Mimik, Schwanzsignale und Körperhaltung teilt die Katze ihren Artgenossen mit, in welcher Stimmung sie ist und was sie von ihrem Gegenüber will. Unsere Stubentiger bemühen sich gewöhnlich, zu „ihren“ Menschen besonders deutlich und betont zu „sprechen“. Die vielsagenden Varianten des „Miaus“ haben sie geradezu für uns Menschen reserviert.

Wir Menschen verstehen unter Sprache meistens nur die gesprochenen Worte. In einem weiter gefaßten Sinn ist Sprache jedoch alles, womit sich einer dem anderen mitteilen kann, also auch Gesten und andere Körpersignale und, zumindest bei uns Menschen, das geschriebene Wort. Katzen verständigen sich sowohl durch Lautäußerungen als auch durch Mimik und Körperhaltung. Neben dieser akustischen und optischen Möglichkeit zur Kommunikation verteilen Katzen aber auch noch geruchliche Informationen. Duftmarkierungen, die sie an bestimmten Geländemarken hinterlassen, haben die Funktion von Visitenkarten oder Hinweisschildern und entsprechen damit in gewisser Weise unserer geschriebenen Sprache (siehe auch das Kapitel Zuhause und Unterwegs).

Die Lautsprache

Katzen besitzen ein reichhaltiges Repertoire lautlicher Äußerungen, mit denen sie sich ihren Mitkatzen und anderen Zeitgenossen verständlich machen können. Teilt man dieses Vokabular danach ein, was die Katze damit ausdrücken will, kann man drei Kategorien von Lauten unterscheiden. Zum einen gibt es „Plauderlaute", leise, zärtlich wirkende Töne, mit denen sich eine Katzenmutter mit ihren Jungen unterhält oder ein paarungswilliger Kater seine „Angebetete" umschmeichelt. Auch das berühmte Schnurren

Ihre eigene Stimmung mit Mimik und Körpersignalen auszudrücken ist kleinen Kätzchen angeboren. Durch die Reaktionen anderer Katzen lernen sie nicht nur einen angemessenen „Umgangston", sondern auch auf die Ausdrucksbewegungen der anderen genau zu achten und sie richtig zu interpretieren.

VERSTEHEN UND MISSVERSTEHEN

Oben links: Ein Geräusch oder eine Bewegung hat die Aufmerksamkeit der ruhenden Katze erregt. Augen und Ohren sind gespannt auf die entsprechende Stelle gerichtet.
Oben rechts: Beim entspannten Dösen, einer Lieblingsbeschäftigung aller Katzen, geht der Blick aus halbgeschlossenen Augen ins Leere.

zählt hierzu. Zum anderen kennen Katzen Ruflaute, die vom leisen „Miau" der Stubenkatze bis zum durchdringenden Kampfgeheule rivalisierender Kater reichen. Und schließlich stoßen bedrohte, erschreckte oder verärgerte Katzen Erregungslaute aus, die gewöhnlich auch für Nicht-Katzen auf Anhieb verständlich sind: Sie fauchen oder „spucken" (ein kurzes Fauchgeräusch, das mit einem harten „K" beginnt) und sprechen damit die deutliche Warnung aus, daß gleich mit einem tätlichen Angriff zu rechnen sei. Eine Katze, die gerade mit einer erlegten Beute oder mit einem größeren, besonders begehrten Futterbrocken beschäftigt ist, schickt einem näherkommenden Artgenossen ein tiefes, kehliges Knurren entgegen. Dabei bleiben die Zähne fest um die Beute geschlossen. Dieser Warnlaut („Damit das klar ist: Dies ist meine Beute und geht dich gar nichts an!") erinnert mehr an einen Hund als an eine Katze.

Außer in der Mutter-Kind-Beziehung sowie bei sexuellen oder aggressiven Begegnungen verständigen sich Katzen untereinander aber vorwiegend sprachlos. Ein gut Teil des Vokabulars, das wir von unseren Katzen kennen, vor allem das allbekannte „Mi-

Nicht nur an den Gesichtszügen, sondern an der Haltung des ganzen Körpers sieht man einer Katze an, in welcher Stimmung sie sich gerade befindet. Die Stellung der Ohren und Tasthaare, die Öffnungsweite der Pupillen oder die Haltung des Schwanzes sind ebenso wie Buckeln, Sichducken oder Fellsträuben Signale für die Gemütslage einer Katze.

Von links nach rechts: aufmerksam-gespannt, angriffsbereit, ängstlich-aggressiv, friedlich dösend.

au", scheint tatsächlich dem Menschen vorbehalten zu sein. Doch dazu mehr am Ende dieses Kapitels.

Das Rätsel des Schnurrens

Schnurren gehört in der Vorstellung der Menschen ebenso zu einer Katze wie ihre spitzen Krallen. Man weiß bis heute noch nicht genau, wie die Katze diese wohligen Laute eigentlich zustande bringt. Eine anatomische Voraussetzung dafür scheint zu sein, daß das Zungenbein nicht vollständig verknöchert ist wie bei den Großkatzen (siehe auch das Kapitel Abstammung und Tierart). Und irgend etwas in ihrem Kör - per bringt die Katze beim Schnurren zum Vibrieren, so-

Oben links: Ängstlich – aggressiv hat das kleine Kerlchen die Ohren zur Seite geklappt. Die aufrechte Körperhaltung und die schmalen Augenschlitze zeigen, daß die Angriffslust (noch) größer ist als die Furcht.
Unten: Ein unwillkommener Besucher wird von dem Kater drohend fixiert. Dabei dreht sich ein Ohr nach dem anderen unwillig zur Seite.

Oben rechts: Das Gesicht wütend verzerrt, versucht er dann den Gegner mit wildem Fauchen zu beeindrucken. Daß ihm die Lage nicht ganz geheuer ist, zeigen die angstvoll geweiteten Pupillen.

viel ist klar, denn diese starke Vibration kann man fühlen, wenn man einer schnurrenden Katze die Hand auf den Leib legt.

Junge Kätzchen können schon schnurren, noch bevor sie die Augen öffnen. Vermutlich besteht die ursprüngliche Funktion des Schnurrens darin, der säugenden Mutterkatze zu melden, daß sich ihre Jungen wohlbefinden. Der Laut ist dafür jedenfalls besonders geeignet, da ihn die Katzenjungen auch während des Saugens, mit um die Zitze geschlossenen Mäulchen, hervorbringen können. Nicht einmal zum Schlucken müssen sie ihr Geschnurr unterbrechen.

Die Katze schnurrt aber nicht nur als Säugling. Sie behält diese Angewohnheit bis an ihr Lebensende bei und drückt damit Zufriedenheit und Wohlbefinden aus. Je nach sozialer Situation erhält das Schnurren aber auch eine Reihe weiterer Bedeutungen: Eine Jungkatze läuft schnurrend auf einen erwachsenen Artgenossen zu, wenn sie ihn zum Spiel auffordern will. Eine rangüberlegene Katze schnurrt, wenn sie sich einer rangtieferen in freundlicher bzw. harmloser Absicht nähert, gewissermaßen, um diese zu beruhigen. Eine unterlegene, kranke oder alte und sehr schwache Katze dagegen schnurrt, sobald sich ihr eine stärkere nähert. In diesem Fall dient es wohl zur Beschwichtigung des Artgenossen und bedeutet so etwas wie „Sieh doch nur, ich bin schwach und völlig harmlos!"

Eine Mutterkatze schnurrt, wenn sie zu ihren Jungen ins Nest kommt und beruhigt die Kleinen damit. Beim Säugen fällt sie dann gewöhnlich in das zufriedene Schnurren ihrer Babys ein.

Linke Seite: Die leicht geduckte Körperhaltung, häufiges, unsicheres Umsehen und der peitschende Schwanz zeigen, daß sich die junge Siamkatze ziemlich ungemütlich fühlt (oben). Gott sei Dank, da ist ein gut bekannter Mensch! Mit hochgerecktem Schwanz grüßend, läuft sie eilends auf ihn zu (unten), genau wie sie als kleines Kätzchen auf ihre Mutter zugelaufen ist.
Rechts oben: Jetzt nur keine voreilige Aktion! Die auf der Jagd umherstreifende Katze ist in Bewegungslosigkeit erstarrt. Gespannte Aufmerksamkeit spricht aus Gesicht und Körperhaltung.
Rechts unten: Auf einen furchteinflößenden Gegner reagieren schon ganz kleine Kätzchen mit einem „klassischen" Katzenbuckel. Breitseits gewandt und mit gesträubtem Fell wirken sie größer, als sie tatsächlich sind. Wenn sie Glück haben, läßt sich der Gegner dadurch bluffen.

Mucksmäuschenstill hält sich die lauernde Katze. Nur der zuckende Schwanz zeigt die Erregung der Jägerin an.

Oft hat man den Eindruck, eine Katze könne durch ihr Schnurren das eigene Wohlbehagen noch steigern. Still daliegen und dazu gestreichelt werden, das ist ein Genuß; gestreichelt werden und dabei aus tiefster Kehle schnurren, das ist ein Hochgenuß! Manche Katzen schnurren übrigens auch, wenn sie Schmerzen erleiden, ja sgar, wenn sie im Sterben liegen. Ob es dann vielleicht eine Art Autosuggestion darstellt und der Selbstberuhigung dient? Wir wissen es nicht.

Die Mimik

Das Gesicht einer Katze kann vielerlei ausdrücken, es ist ein eindeutiges Stimmungsbarometer für die Verständigung untereinander. Da Katzen genaue Beobachter sind, entgehen ihnen selbst geringe Veränderungen im Gesichtsausdruck ihres Gegenübers nicht. Ein Mensch, der mit einer Katze harmonisch zusammenleben will, muß sich angewöhnen, auf Feinheiten wie die Öffnungsweite ihrer Pupillen, die Stellung der Ohren und der langen Tasthaare zu achten, um Mißverständnisse und Diskrepanzen zu vermeiden.
In friedlicher, aber aufgeschlossener Stimmung sind die Gesichtszüge der Katze ebenmäßig und glatt und die Ohren aufgestellt. Senkt sich dann Schläfrigkeit über das Katzengemüt, sinken zugleich auch die Augenlider allmählich herab. Erregt aber irgend etwas die Aufmerksamkeit der Katze, öffnen sich die Augen weit, die Tasthaare im Gesicht werden maximal gespreizt und die Ohren gespannt nach vorn gerichtet. Noch ist alles ganz friedlich. Klappen jedoch die Ohren seitwärts und schräg nach hinten, legt sich das Gesicht in Unmutsfalten und ziehen sich die Lippen etwas zurück, deutet dies unzweifelhaft auf aufkommende Angst oder Ärgerlichkeit. Eine ängstliche Katze bereitet sich auf Abwehr vor. Zugleich läßt sie dem „Feind" eine deutliche Warnung zukommen: Mit eng an den Kopf gelegten Ohren, stark geweiteten Pupillen und zu einer Grimasse verzerrtem Gesicht faucht sie dem Gegner zu: „Keinen Schritt weiter! Zwinge mich nicht, meine Krallen zu gebrauchen!"
Eine zornige Katze dagegen demonstriert ihre Angriffsbereitschaft, indem sie den Kopf langsam senkt und dem Widersacher entgegenrichtet. Sie fixiert ihn unverwandt. (Anstarren gilt unter Katzen als Bedrohung.) Ihre Pupillen sind zu schmalen Schlitzen verengt. Die Ohren werden dabei weniger flachgelegt als vielmehr so verdreht, daß dem Gegner die Rückseiten der Ohrmuscheln zugewandt sind. Versteht dieser die Drohung nicht oder nimmt er sie

Katzen erkennen einander am individuellen Geruch ihrer Hautdrüsensekrete. Durch die am Kopf gelegenen Drüsen wird beim „Köpfchengeben" (links) der Eigengeruch einer Katze auf die andere übertragen. Dadurch wird ein Gefühl der Zusammengehörigkeit hergestellt. Begegnen sich zwei Katzen, unterziehen sie einander einer gründlichen Geruchskontrolle. Begonnen wird diese Prozedur stets Nase gegen Nase (rechts). Der senkrecht hochgestellte Schwanz signalisiert freundliche Stimmung.

nicht ernst, kann ganz unvermittelt der Angriff erfolgen. Im Gegensatz zum Abwehrverhalten werden bei einem aggressiven Angriff nicht die Krallen, sondern die Zähne eingesetzt.

In den seltensten Fällen jedoch drückt eine Katze reine Angriffsbereitschaft aus, ohne die geringsten Anzeichen von Angst dabei. Schließlich kann man ja nie wissen, wie stark der Gegner wirklich ist, und eine gewisse Portion Respekt kann auch einem erfahrenen Kämpen nicht schaden. Üblicherweise mischen sich daher in der Mimik einer aufgebrachten Katze die Elemente der Angriffs- und Abwehrstimmung. Wie groß der jeweilige Anteil an der momentanen Stimmungslage ist, läßt sich am besten an der Stellung der Ohren ablesen: Je mehr Ohrrückseite von vorne sichtbar ist, desto stärker ist die Angriffsbereitschaft; bei reiner Abwehrstimmung sind die Ohren so weit seitwärts geklappt, daß man von vorn nur noch die waagerecht gehaltenen Kanten der Ohrmuscheln sieht.

Die Körpersprache

Nicht nur mit der Mimik, sondern auch mit ihrer ganzen Körperhaltung kann die Katze ihre Stimmung oder Absicht eindeutig zum Ausdruck bringen. Die Körperhaltung ist dabei das deutlichere, schon aus weiterer Entfernung sichtbare Signal, während die Mimik eher als Feinanzeige fungiert. Bei einem allmählichen Umschwung der Stimmung verändert sich immer zuerst der Gesichtsausdruck, in dem sich auch feinste Stimmungsnuancen zeigen. Die Körperhaltung ändert sich meist erst, wenn sich die Gemütslage bereits gewandelt hat.

Eine zufriedene, gut aufgelegte Katze sitzt oft auf den Hinterkeulen, die Vorderpfoten manierlich nebeneinandergesetzt und den Schwanz ordentlich um sich herumgeringelt. Allen Aktivitäten aufgeschlossen, harrt sie so irgendwelcher interessanter Dinge, die da kommen mögen, oder überlegt, was sie ihrerseits als nächstes unternehmen könnte.

Eine beunruhigte oder etwas mißgelaunte Katze kauert meist geduckt, mit fest unter die Brust gezogenen Vorderpfoten und eng an den Körper angelegtem Schwanz da. Nähert sich eine andere Katze oder sonst jemand, mit dem sie gerade nichts zu tun haben will, kann aus dieser Stellung heraus blitzschnell eine krallenbewehrte Pfote unter dem Körper hervorzucken. Artgenossen erkennen jedoch gewöhnlich die subtilen Körpersignale der Gereiztheit und respektieren dann gemeinhin den Wunsch nach Abstand – es sei denn, sie haben eine eindeutige

Wie nähert man sich einer Katze richtig?

Katzen, wie übrigens auch die meisten anderen Tiere, fühlen sich bedroht, wenn jemand (oder jemands Hand!) allzu rasch auf sie zukommt und dabei einen gewissen, gerade noch tolerierten Mindestabstand unterschreitet. Dieser Abstand, die sogenannte *kritische Distanz,* ist von Katze zu Katze und von Situation zu Situation verschieden. Sie merken erst, daß Sie zu weit gegangen sind, wenn die Katze Reißaus nimmt oder nach Ihrer Hand schlägt. Das kann sogar bei Ihrer eng vertrauten Familienkatze vorkommen, wenn diese vielleicht gerade geschlafen hat und von Ihrer streichelnden Hand überrascht wurde. Reden Sie daher eine ruhende Katze stets an, bevor Sie sie streicheln.

Nicht von ungefähr bewegen sich fremde Katzen langsam und vorsichtig aufeinander zu und halten stets gewisse Rituale ein, um einander bekannt zu machen. Sie beschnuppern sich dazu gegenseitig gründlich, von der Nasenspitze bis zum After. Deshalb sollten auch Sie einer fremden, schüchternen oder mißtrauischen Katze eine Möglichkeit zur Geruchskontrolle geben. Nähern Sie sich ihr ohne hastige Bewegung, und strecken Sie ihr eine Hand zum Beschnuppern hin. Lassen Sie stets die Katze auf sich zukommen, und versuchen Sie auf keinen Fall, sie zu greifen, wenn sie Ihnen ausweicht. Das kann mit blutigen Kratzern enden.

Eine gut bekannte Katze wird Sie vielleicht mit einem „Nasenkuß" begrüßen, wenn sie die Möglichkeit hat, Ihnen in Augenhöhe zu begegnen. Spielen Sie dabei am besten mit. So zeigen Sie nicht nur friedliche Absichten, sondern auch „gute Katzenmanieren". Schließlich wird Ihnen die Katze mit zuvorkommend angehobenem Schwanz die Analkontrolle anbieten. Dieser Aufforderung brauchen Sie jedoch als Mensch nicht unbedingt nachzukommen – ein freundliches Streicheln tut es auch! Und wie trennt man sich nach ausführlicher Kontaktpflege wieder von der Katze? Keinesfalls dürfen Sie die Katze von sich wegschubsen. Gehen Sie lieber langsam weg. Das entspricht Katzenmanier.

Bei erwachsenen Katzen, die eine enge soziale Bindung entwickelt haben, ist gegenseitiges Putzen durchaus üblich. Diese freundliche Geste hilft auch das Fell an Körperstellen sauber zu halten, die für die eigene Zunge unerreichbar sind.

Vorrangstellung und damit Platz- oder Wegerecht (siehe das Kapitel Zuhause und Unterwegs). In diesem Falle wird die erste Katze, nun erst recht übel gelaunt, das Feld räumen und sich in aller Regel geduckt verdrücken.

Der Katzenbuckel

Einem übermächtigen Gegner, der ihnen Furcht einflößt, treten Katzen mit dem berühmten Katzenbuckel entgegen. Die meisten Katzen reagieren so auf einen angreifenden (oder auch nur bedrohlich nahe vorbeischlendernden) Hund, verwil-

Begeistert läßt sich der Hauskater die zärtlichen Zuwendungen der großen Pumadame gefallen. Katzen haben auch über die Artgrenzen hinweg kaum Verständigungsschwierigkeiten.

VERSTEHEN UND MISSVERSTEHEN

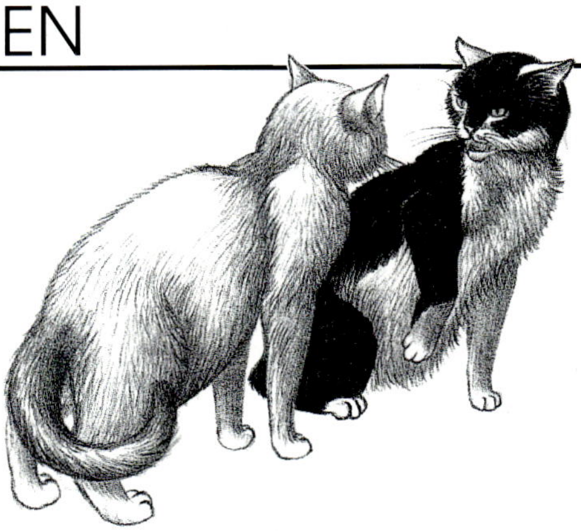

Links: Solch aggressives Gehabe weicht oft recht rasch gleichmütiger Toleranz, vor allem, wenn es sich bei der unterlegenen, ängstlich ausweichenden Katze um ein noch nicht ernstzunehmendes Jungtier handelt.
Rechts: Das Anstarren eines sich nähernden Artgenossen bedeutet eine Drohung. Die dazugehörige Beschwichtigungsgeste ist demonstratives Weggucken. Ein stummer Dialog also: „Bleib du mir bloß vom Leib!" – „Reg dich nicht auf, ich will ja gar nichts von dir."

derte Katzen oft auch auf einen Menschen. Jungkatzen buckeln häufig gegenüber ihnen fremden erwachsenen Tieren. Die Körperhaltung ist dabei immer dieselbe: Die Katze sträubt ihre Haare, stellt sich breitseits und schiebt den Rücken zu einem umgekehrten „U" hoch. Der Schwanz wird dabei an seiner Wurzel vom Körper abgespreizt und krümmt sich dann wie ein Haken nach unten.

So ein Katzenbuckel demonstriert keineswegs kriecherische Unterwürfigkeit, wie es die alte Redensart vom „katzbuckelnden" Menschen ausdrückt, sondern stellt im Gegenteil eine Angriffsdrohung dar. Allerdings mischt dabei eine gehörige Portion Furcht mit. Durch das Aufstellen der Rücken- und Schwanzhaare und das Hochziehen der Rückenlinie kann die Katze ihre Silhouette erheblich vergrößern. Ihre Absicht ist, besonders furchterregend zu wirken und den Gegner einzuschüchtern, um die Situation möglichst bereinigen zu können, ohne „das Gesicht zu verlieren" oder sich gar auf einen Kampf einlassen zu müssen.

Der Körper drückt dabei gewissermaßen die zwiespältigen Gefühle der Katze aus: Eigentlich will sie ihren Platz behaupten und ist noch keineswegs bereit zu flüchten, andererseits läßt die Furcht vor dem Gegner sie unwillkürlich zurückweichen. So treten die Vorderbeine, die dem Gegner am nächsten sind, bereits den Rückzug an, während die Hinterbeine noch stehenbleiben. Das schiebt die ganze Katze zunächst zusammen. Wenn das nicht mehr weiter geht, weichen die Vorderbeine auf ihrem Rückmarsch den Hinterbeinen nach der Seite aus, wodurch der Körper seitlich gedreht wird. Rückt der Geg-

Die meisten Begegnungen einander fremder Katzen verlaufen mehr oder weniger „neutral". Man beschnuppert sich und geht wieder seiner Wege – das schwächere Tier eilends, das dominierende betont langsam.

ner weiter vor, weicht die Katze schließlich doch zurück, aber wiederum mit den Vorderbeinen zuerst, das Hinterteil scheint nur zögerlich zu folgen. Daraus resultiert ein seitliches Rückwärtsstelzen, wobei die Katze den Feind keinen Moment aus den Augen läßt und ihm dabei stets die Breitseite des Körpers zuwendet. Zeigt sich der Gegner durch die „Riesenkatze" und deren heftiges Gefauche eingeschüchtert und weicht seinerseits zurück, stelzt die Katze steifbeinig wieder vor, wobei nicht selten die nun „mutigeren" Hinterbeine die vordere Körperhälfte überholen. Bisweilen kommt es aus der Buckelstellung heraus zu kurzen Attacken, die aber stets typische Abwehrangriffe sind, also unter Einsatz der Krallen, nicht der Zähne geführt werden. Alles in allem ist die ganze „Buckel-Show" aber nur ein aufwendiger Versuch zu bluffen. Läßt sich der Feind nicht beeindrukken und unterschreitet beim Näherkommen die sogenannte *kritische Distanz*, wendet sich die Katze in aller Regel zur Flucht. Dann saust sie im Galopp davon, so schnell die Füße tragen.

Der ausdrucksvolle Schwanz

Wie die Ohren am Vorderende der Katze Stimmungsbarometer sind, hat der Schwanz dieselbe Funktion am Hinterende. Glatt und hängend zeigt er „normale" Laune an. Zu einer Flaschenbürste gesträubt, bedeutet er Alarm. Waagerecht vom geduckten Körper abgespreizt, mit leicht zuckender Spitze, ist er Ausdruck höchster Konzentration und Spannung. Mag sein, die Katze belauert gerade ein Beutetier, beobachtet einen (noch weit entfernten) Hund oder hat einen mißliebigen Artgenossen gesichtet. Fängt der Schwanz nun an, erregt hin- und herzupeitschen, ist im nächsten Moment mit irgendeiner Aktion der Katze zu rechnen. Ein senkrecht hochgestellter Schwanz signalisiert immer ausgesprochen freundliche Stimmung. Katzenkinder reagieren damit auf die Annäherung ihrer Mutter. Befreundete Katzen, die in einer Gruppe miteinander leben, grüßen einander auf diese Weise, und sei es nur flüchtig im Vorübergehen.

Begegnung nach Katzenart

Begegnen sich zwei Katzen, die einander nicht kennen, wollen sie zunächst herausfinden, ob sie „sich riechen können". Katzen nehmen dies durchaus wörtlich. Sie beschnuppern sich ausgiebig, wobei sie stets Nase gegen Nase beginnen. (Meistens berühren sich ihre Nasen jedoch nicht.) Die Körper sind dabei leicht geduckt, die Köpfe möglichst weit vorgestreckt. Man mißtraut einander ganz offensichtlich. Beide Tiere versuchen sodann, an der Körperseite des anderen entlangzuschnuppern, um schließlich dessen Analgegend zu beriechen. Da aber gewöhnlich jede der beiden zugleich bemüht ist, der anderen ihr eigenes Hinterteil zu entziehen, drehen sich die beiden Tiere eine Weile umeinander herum. Sind die Ohren dabei noch neugierig und aufgeschlossen nach vorn gerichtet, nimmt die Begegnung einen freundlichen

Im Spiel werden die verschiedenen Reaktionen und Gesten häufig mit übertriebener Deutlichkeit ausgeführt. Angriff und Abwehr geraten dadurch oft zu einer effektvollen Show.

Im Zusammenleben mit dem Menschen teilt die Katze ihr Zuhause oft mit anderen Haustieren. Man lernt im täglichen Umgang miteinander die Eigenheiten des jeweils anderen kennen und weiß sich darauf einzustellen. Zwar kommt es gerade zwischen Hunden und Katzen immer wieder zu Mißverständnissen, weil in ihren „Sprachen" dieselben Gesten zum Teil gegenteilige Bedeutung haben, aber schließlich sind ja beide lernfähig. Vor allem, wenn ein junger Hund und ein Kätzchen miteinander aufwachsen, gibt es kaum Schwierigkeiten. Beide lernen rasch die „Fremdsprache" des jeweils anderen.

Verlauf: Eine der beiden Katzen hebt schließlich mit zuvorkommender Geste ihren Schwanz und gestattet der anderen, ihr Hinterteil zu beriechen. Dann ist die andere an der Reihe. Nun kennt man sich – und geht meist wieder seiner Wege.

Zugegeben, diese Beschreibung einer Katzenbegegnung ist stark idealisiert. Die Wirklichkeit sieht in der Mehrzahl der Fälle anders aus. Bei den meisten Kontakten bricht das Ritual schon nach dem anfänglichen Nase-zu-Nase-Beschnuppern ab. Kaum versucht nämlich eine der Katzen, den nächsten Schritt zur Annäherung zu tun und die andere im Nacken zu beriechen, drückt sie damit eine größere Selbstsicherheit aus. Das läßt die andere, die ihrerseits noch nicht so „mutig" war, eine mehr oder weniger deutliche Abwehrhaltung einnehmen. Sie duckt sich, weicht aus, ihre Ohren sind nun angelegt. Besteht die erste Katze auf ihrer Annäherung, wird die Abwehr der zweiten mit Fauchen oder einem Tatzenhieb

Eine Katze mit ihrer hohen sozialen Intelligenz kann es durchaus lernen, bestimmte Kleintiere als Familienmitglieder zu akzeptieren. Nach der potentiellen Beute nicht springen zu dürfen bedeutet für die Katze auf die Dauer jedoch Streß und Frustration.

schon deutlicher. Schließlich wird die Unterlegene geduckt davonlaufen und erst in einiger Entfernung wieder stehenbleiben und sich nach der überlegenen Katze umsehen. Diese hat mittlerweile den Platz, auf dem ihr unsicheres Gegenüber vorher stand oder saß, eingehend berochen. Meist schlendert sie nun der Davongelaufenen langsam nach, um ihre Bemühungen um eine körpernahe Geruchskontrolle fortzusetzen. Sie wird damit kaum mehr Erfolg haben als beim ersten Mal und eher im Gegenteil auf noch heftigere Abwehr stoßen. Das ganze Spielchen kann sich noch mehrere Male wiederholen. Es hängt vor allem vom Temperament und von der Laune der überlegenen Katze ab, ob sie schließlich jeden weiteren Kontaktversuch aufgibt oder letztlich, gereizt und aggressiv geworden, kurz und trocken angreift.

Verständigung über Artgrenzen hinweg

Katzen untereinander haben im allgemeinen keine Verständigungsschwierigkeiten. Das gilt nicht nur für Hauskatzen, sondern auch für die

Auf Katzen, die zur Verständigung untereinander auf feinste Nuancen der Mimik und Körperhaltung achten, müssen wir Menschen reichlich begriffsstutzig wirken. Jedenfalls bedienen sie sich uns gegenüber meist einer betont deutlichen „Sprache". Das Vokabular entstammt dabei häufig der Mutter-Kind-Beziehung. Genau wie ein Katzenkind seine Mutter, so bettelt eine Familienkatze „ihren" Menschen um Futter an.

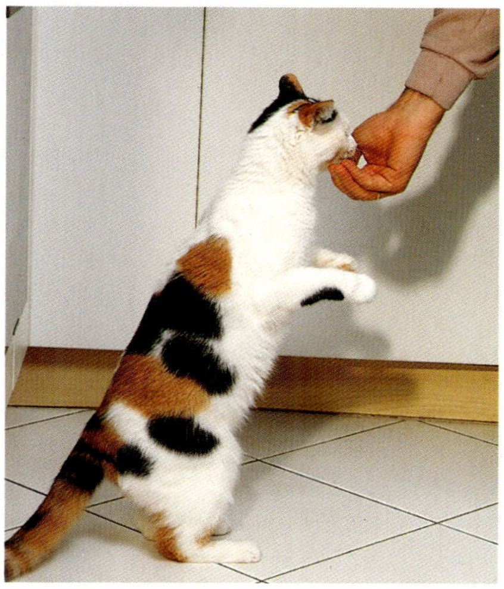

ganze große Familie der wilden Katzen. Die Verhaltensweisen und Gesten der verschiedenen Katzenarten, Großkatzen wie Kleinkatzen, gleichen sich so weitgehend, daß es auch über die Artgrenzen hinweg kaum zu Mißverständnissen kommt.

Mißverständnisse zwischen Hund und Katze

Anders ist das zwischen Katze und Hund. Zwar kann von einer „Erbfeindschaft" keine Rede sein, unzählige Katzen und Hunde kommen bestens miteinander aus. Aber selbst einander wohlgesonnene Tiere können sich gelegentlich recht gründlich mißverstehen, dann nämlich, wenn angeborene, ähnliche Gesten und Verhaltensweisen bei den beiden Tierarten eine unterschiedliche Bedeutung haben. Ein geradezu klassisches Beispiel dafür ist das Anheben einer Vorderpfote. Beim Hund ist dies eine Aufforderung zum Spiel, bei der Katze eine letzte Warnung, bevor sie mit krallenbewehrter Tatze zuschlägt. Kein Wunder, daß da so manch unerfahrener Hund eine blutige Nase davonträgt. Hunde wedeln bekanntlich mit dem Schwanz, um ihre Freude und Zuneigung auszudrükken. Wenn ein Katzenschwanz hin und her schlägt, bedeutet das Erregung und äußersten Unmut. Eine Katze wird folglich annehmen, der wedelnde Hund werde ihr gleich etwas zuleide tun, während ein Hund davon ausgeht, die wedelnde Katze sei über sein Kommen beglückt. Fühlt sich eine Katze aus nächster Nähe bedroht, wirft sie sich auf den Boden, um sämtliche Krallen, die sie hat, zur Verteidigung einsetzen zu können. Unter Hunden ist dieses Sich-auf-den-Rücken-legen eine Demutsgeste, mit der ein unterlegener Kämpfer dem Stärkeren seine Kapitulation anzeigt. Wirft sich nun eine Katze vor einem Hund auf den Rücken, muß dieser es wohl ziemlich unfair und gegen alle Spielregeln finden, wenn er auf seine beschwichtigende Annäherung hin mit den Krallen attackiert wird. Da ist es ihm wirklich nicht zu verdenken, wenn er dann ausgesprochen „sauer" reagiert.
Aber sowohl Katzen wie Hunde können lernen, mit den Eigenheiten des anderen richtig umzugehen und dessen Sprache zu verstehen – und dann dicke Freunde werden.

Die Verständigung zwischen Katze und Mensch

Wir Menschen sind es gewöhnt, zur Verständigung untereinander unsere Wortsprache zu benützen. Mit größter Selbstverständlichkeit übertragen wir dies auch auf Tiere, die mit uns in häuslicher Gemeinschaft leben. Umfragen im Rahmen soziobiologischer Studien haben ergeben, daß über 95 % aller Katzenhalter regelmäßig mit ihren Tieren reden. Nun verstehen Katzen zwar nicht alles, aber vieles. Natürlich begreifen sie etwa einen Vortrag über Politik oder Wissenschaft nicht so recht. Dafür aber kennen sie die Bedeutung vieler Worte oder Sätze aus dem Alltagsleben recht genau.
Und weil Katzen viel bessere Beobachter sind als wir, registrieren sie auch die kleinsten Veränderungen in der Körperhaltung und die feinsten Nuancen der Gestik „ihrer" Menschen. Sie erkennen daran nicht nur sehr genau die Stimmung der Menschen, sondern können auch oft schon deren Absichten „vorhersehen", noch bevor ein Wort gefallen oder der betreffende Mensch von seinem

Platz aufgestanden ist, an einem Straffen des Rückens etwa oder einem unbewußten Blick in eine bestimmte Richtung.
Umgekehrt muß eine Katze, wenn sie sich ihrerseits dem Menschen verständlich machen will, meist erst ziemlich deutlich werden. Verglichen mit dem Verhalten von Katzen untereinander, wirken die an einen Menschen gerichteten Gesten der Aufforderung, aber auch der Zuneigung oftmals stark übertrieben oder werden gleich mehrfach wiederholt. Man kann sich des Eindrucks nicht erwehren, daß viele Katzen die Menschen für reichlich begriffsstutzig halten. Sie handeln nicht anders als wir, wenn wir zu jemandem, der nicht kapiert, was Sache ist, besonders langsam und betont deutlich sprechen.

Das Wörterbuch des Miauens

Mit einem „Miau!" will eine Katze ihren Menschen auf sich aufmerksam machen. Das kann die unterschiedlichsten Gründe haben, und entsprechend differenziert klingt es dann auch.
Viele Katzen geben einen charakteristischen Begrüßungslaut von sich, wenn sie nach einer längeren Tour wieder von draußen hereinkommen oder man ihnen unvermutet im Haus begegnet. Dieses „Hallo!" hört sich auf kätzisch an wie „Me!" oder „Ä!", ein ganz kurzer Laut, der zwischen fast geschlossenen Lippen hervorgestoßen wird. Nicht selten hört man dasselbe „Hallo!" auch hinter sich, wenn man gerade konzentriert irgendeiner Tätigkeit nachgeht (etwa am Schreibtisch sitzt und ein Katzenbuch schreibt), während die Katze der Ansicht ist, man solle sich jetzt lieber mit ihr beschäftigen.
Viel eindringlicher klingt die Aufforderung, den leeren Futternapf endlich aufzufüllen. Bei den meisten Katzen gilt der Zusammenhang: Je leerer der Magen, desto nachdrücklicher und lauter das „Miau". Es gibt aber auch Katzenschauspieler, die nach einiger Zeit des Miauens einen geübten „Armes-hungriges-Kätzchen-Blick"

Warum kratzt eine Katze manchmal, während man sie am Bauch streichelt?

Wirft sich Ihr Haustiger gestreckterlängs vor Ihnen auf den Boden und reckt Ihnen seinen Bauch entgegen, so ist das ein großer Freundschafts- und Vertrauensbeweis. Er will dann am Bauch gestreichelt werden, genauso, wie ihn als kleines Kätzchen seine Mutter mit ihrer Zunge am Bauch massiert hat. Sie sollten dieser Aufforderung unbedingt nachkommen – aber ein wenig vorsichtig. Bei erwachsenen Katzen (vor allem Katern) gehört es nämlich zum Kampfverhalten, sich auf den Rücken zu werfen und den Gegner im Nahkampf mit allen Vieren zu „bearbeiten". Bei einigen Katzen kommt dieses Abwehrverhalten plötzlich durch, wenn sie am Bauch berührt werden. Sie treten und schlagen dann „aus heiterem Himmel" mit mehr oder weniger ausgefahrenen Krallen nach der streichelnden Hand. Nehmen Sie das der Katze bitte nicht übel! Es ist nicht böse gemeint, sondern eine unwillkürliche Reflexreaktion. Viele mit Menschen lebende Katzen haben gelernt, diesen Reflex zu unterdrücken, während sie ganz und gar das Gestreicheltwerden genießen, bei anderen zucken zumindest immer wieder die Hinterbeine. Vor allem bei kampferfahrenen Katzen bzw. Katern aber entwickeln die Beine häufig sozusagen ein Eigenleben und „kämpfen". Wenn Sie sehen könnten, mit welch betretener Miene mein Kater jedesmal von dannen zieht, wenn ihm dies beim geliebten Bauchkraulen passiert ist!

aufsetzen und mit einem herzzerreißenden stummen „Miauooo" jeden menschlichen Widerstand brechen.
Eine weitere Variante der „Miaus" bedeutet „Laß mich raus!" oder „Laß mich rein!", je nachdem. Und je nach Katzencharakter oder Tageslaune kann dies im Tonfall des absoluten Imperativs oder eines kläglichen Jammerlieds vorgetragen werden.
Schließlich gibt es noch, unter Weglassen des „Mi", ein gellendes „Au!", dann nämlich, wenn ein unachtsamer Mensch sich just auf den Stuhl setzt, auf dem die Katze zusammengerollt schläft, oder bei einem unbedachten Rückwärtsschritt der Katze auf Pfote oder Schwanz steigt. Wiederum je nach Charakter schreit die eine Katze schon auf, wenn man sie noch nicht einmal gestreift hat, die andere erst, wenn es wirklich weh getan hat. Und es hängt vom Ausmaß der Bedrängnis ab, ob dieser Aufschrei ein ärgerliches „Paß doch gefälligst auf!" bedeutet oder ein ängstliches „Hiiilfe!".

Welch Hochgenuß, so freundlich gekrault und gestreichelt zu werden! Offensichtlich fühlt sich die Katze dabei an ihre Kindheit und an das beruhigende Lecken der Mutter erinnert, die mit ihrer Zunge das Fell des Kätzchens bearbeitet hat. Jedenfalls schnurrt selbst die größte Katze beim Gestreicheltwerden wie ein kleines Nestkätzchen.

Wer eine ruhende Katze mit seiner Annäherung überrumpelt, und sei es auch durch wohlgemeintes Streicheln, muß mit instinktiver, manchmal für die menschliche Hand recht schmerzhafter Abwehr seitens der aufgeschreckten Katze rechnen.

ZUHAUSE UND UNTERWEGS

Die eine Katze kontrolliert ein viele Hektar großes Revier, die andere begnügt sich mit der Fläche einer Etagenwohnung. Die eine lebt als Einzelgänger, die andere als Mitglied einer sozialen Katzengruppe. Viele entwickeln eine enge Beziehung zu einem Menschen, den sie als „Oberkatze“ betrachten. In der Wissenschaft spricht man inzwischen von der „unendlichen sozialen Vielfalt“ der Katze.

Bis vor kurzem war noch sehr wenig bekannt über das Leben der Hauskatze im Freien. Das ausgeprägte Talent von Katzen, sich der Verfolgung und Beobachtung auf leisen, aber flinken Pfoten zu entziehen, machte systematische Freilandstudien schlichtweg unmöglich. Seit etwa 15 Jahren aber bedienen sich die Verhaltensforscher der Methode der Telemetrie: Sie legen den Tieren ein Halsband um, an dem ein kleiner Sender befestigt ist. Dessen Signale geben über die Richtung Aufschluß, in der die Katze zu suchen ist. So wurden viele neue Erkenntnisse über das Leben der Katzen im Freiland gewonnen.

Das Zuhause

Das eigentliche Zuhause der Katze nennen die Verhaltensforscher *Heim erster Ordnung* oder *Primärheim*. Es ist meist ein Haus oder auch nur ein Zimmer darin, bei Bauernhofkatzen eine Scheune, bei wildlebenden Stadtkatzen ein Lagerschuppen oder eine Ruine. Hier schläft die Katze, hier wachsen ihre Jungen auf, hierher zieht sie sich zurück, wenn sie krank oder verletzt ist und Ruhe braucht. Die engere Umgebung dieses Heims kennt die Katze wie ihre Westentasche. Sie ist hier mit jedem Winkel, Durchschlupf oder Klettersteig vertraut. Bestimmte bevorzugte Plätze dienen ihr zum Sonnenbaden, als Ausgucke oder um zwischendurch ein Nickerchen einzulegen. In der Sprache der Biologie heißt dieses Areal *Heim zweiter Ordnung*. Ausgedehnte Streifzüge jedoch führen die Katze regelmäßig weit über die Grenzen ihres Heimbezirks hinaus.

Streifgebiet und Katzenwege

Auf dem freien Land streifen Katzen gewöhnlich in einem Gebiet von etwa 50–100 Hektar Ausdehnung umher. In dörflichen und städtischen Siedlungsbereichen dagegen ist die Mehrzahl der Katzenreviere deutlich kleiner. In Londoner Vorstädten hat man

Im Gelände unterwegs ist eine Katze unentwegt damit beschäftigt, die Geruchsmarkierungen anderer Katzen zu überprüfen. Die Duftmarken haben im großen und ganzen die Funktion einer Tageszeitung und versorgen die umherstreifende Katze mit aktuellen Informationen darüber, wer wann wo gewesen ist und ob etwa gar ein ihr unbekannter Artgenosse hier war.

ZUHAUSE UND UNTERWEGS

Katzen halten sich durchaus nicht nur in der engeren Umgebung ihres Zuhauses auf, sondern machen regelmäßig weite Streifzüge durch die Umgebung. In den letzten Jahren haben sich Verhaltensforscher wiederholt die Mühe gemacht, verschiedene Katzen Tag und Nacht auf deren Streifzügen zu verfolgen. Dabei stellte sich heraus, daß in ländlichen Gegenden die Katzen in einem bis 1 km² großen Gebiet umherstreifen. Bei kräftigen Katern kann, vor allem während der Paarungszeit, das persönliche Streifgebiet sogar noch um ein Mehrfaches größer sein.
Nachdem man die von den Katzen eingeschlagenen Wege in Kartenskizzen eingezeichnet hatte, fiel auf, daß die Tiere durchaus nicht kreuz und quer liefen, sondern weitgehend feste Wege benutzten. Über Stock und Stein, über Dächer und Treppen traben die Katzen dahin. Sie wirken dabei aber nie ziellos, scheinen vielmehr stets eine klare Vorstellung davon zu haben, wohin sie wollen.

zum Beispiel Aktionsräume einzelner Katzen von weniger als 0,1 Hektar gemessen. Unter einigermaßen natürlichen Bedingungen sind die Streifgebiete von Katern stets größer als die von Kätzinnen, im Durchschnitt 3,5mal so groß.
Innerhalb ihres Streifgebiets hat eine Katze bestimmte Jagd-, Kampf-, Werbungs- und Paarungsplätze, die sie mehr oder weniger regelmäßig aufsucht, und alle diese Plätze sind untereinander und mit dem Heim erster Ordnung durch ein engmaschiges Wegenetz verbunden. Erst bei der genauen Aufzeichnung der von Katzen zurückgelegten Strecken fiel auf, daß sie in ihrem Revier tatsächlich feste Wege benutzen. Die Flächen zwischen diesen Pfaden werden von den Revierinhabern so gut wie nie betreten. In einem winterlich verschneiten

Garten läßt sich erkennen, daß die Spuren nur selten quer über offene Flächen führen. Katzen bevorzugen die Deckung von Hecken, Zäunen oder anderer Geländemarken, um ihrer Wege zu gehen, auch wenn dies dann oft Umwege sind. Einen kurzen, direkten Weg, der keinerlei Flankendeckung gewährleistet, nimmt eine Katze eigentlich nur, wenn sie es besonders eilig hat oder sich auf heimischem Grund und Boden bewegt, wo sie sich absolut sicher fühlt.

Duftende Visitenkarten

Katzen zeigen sich stets bemüht, an markanten Punkten entlang ihrer Wege persönliche Visitenkarten in Form von Duftmarken zu hinterlassen. Zu einem späteren Zeitpunkt dort vorbeispazierende Nachbarkatzen können daran „ablesen", wer wann hier war.

Besonders Kater, aber durchaus auch Kätzinnen, haben die Angewohnheit, ihren Urin in feinverteiltem Strahl gegen senkrechte Geländemarken wie Bäume, Sträucher, Pfosten oder Mauern, in der Wohnung auch gegen Türstöcke und Möbel, zu spritzen. Oft reiben sie gleich darauf ihren Kopf daran, um mit ihm dann an anderen Gegenständen entlangzustreichen. Auch sonst reiben sich Katzen häufig mit Kopf, Flanken oder Hinterteil an irgendwelchen Gegenständen längs ihrer Wege. Sie drücken den Dingen damit ihren individuellen Geruchsstempel auf, denn an Kopf und Flanken und um den After haben Katzen ausgeprägte Duftdrüsen. Auch an den Zehenballen sitzen solche Duftdrüsen, deren Absonderungen beim Krallenwetzen an Bäumen oder Zaunlatten auf die Unterlage übertragen werden.

Während Kotabsetzen und -liegenlassen als persönliche „Duftdrohung" dominierender Kater bekannt ist (siehe das Kapitel Sauberkeit und Körperpflege), üben die durch Besprühen, Reiben

Katzen lieben erhöht liegende Aussichtspunkte. Dort oben kann sich so leicht kein Feind unbemerkt nähern, und zugleich hat man selbst die Umgebung im Auge und kriegt mit, was sich auf der Katzenszene tut. „Sehen und Gesehenwerden" heißt die Devise bei den Patrouillengängen der Katzen in ihrem Revier.

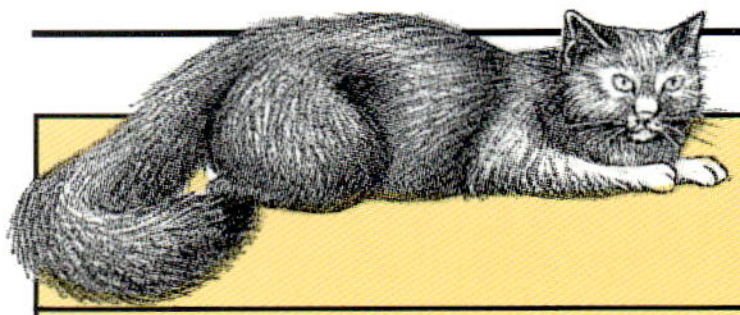

Eine Katze ganz ohne Auslauf, ist das zu rechtfertigen?

Das ist eine unter Katzenhaltern, Züchtern und auch Tierärzten höchst umstrittene Frage. Wo die Katze in Gärten, Grünanlagen oder gar auf Wiesen und Feldern umherstreifen, jagen und andere Katzen treffen kann, plädiere ich persönlich für Laufenlassen. Der Jagdtrieb ebenso wie das Revier- und Sozialverhalten der Katze ist nun mal auf ein Leben in einem weitläufigen Areal ausgelegt. Wenn Ihre Wohnlage es erlaubt, sollten Sie einen regelmäßigen Auslauf und damit eine katzengerechte Lebensführung erlauben. Zweifellos lauern in unserer „zivilisierten“ Umwelt aber auch eine Menge Gefahren auf die Katze, allen voran der Autoverkehr. Auch Rattengift, Pflanzenschutzgifte, auf Katzen scharfgemachte Hunde oder Tierfänger für dubiosen Versuchstierhandel können freilaufenden Katzen zum Verhängnis werden. Und dennoch: Meine Katzen (an denen ich durchaus hänge) dürfen nach Lust und Laune aus- und eingehen.

Lassen Sie Ihrer Katze vom Tierarzt eine registrierte Nummer ins Ohr tätowieren, wenn Sie eine Entwendung durch Tierfänger befürchten. Registrierte Katzen sind als Handelsware uninteressant, da sie von Versuchslaboratorien in der Regel nicht gekauft werden. Auch sind bei freilaufenden Katzen Impfungen gegen Infektionskrankheiten sowie eine regelmäßige Kontrolle auf Parasitenbefall besonders wichtig.

Wenn Sie Ihre Katze nicht draußen laufen lassen können oder wollen, müssen Sie für eine katzengerechte Wohnungseinrichtung und ausreichende Anregung zu körperlicher Aktivität sorgen. Eine Katze, die von Geburt an in einer Wohnung gehalten wurde, wird dann nichts vermissen. Hat Ihr Haustiger jedoch keine Möglichkeit, seine Bedürfnisse auszuleben, werden weder Sie noch er recht froh werden. Verhaltensstörungen der Katze sind dann praktisch schon vorprogrammiert. Eine Katze allerdings, die einmal eine freizügige Lebensweise gewöhnt war, wird sich in aller Regel nicht mehr das Leben einer reinen Wohnungskatze aufzwingen lassen.

oder Kratzen parfümierten Geländemarken offensichtlich keinerlei einschüchternde Wirkung aus. Eine Katze, die die Markierung einer anderen beschnüffelt, zieht sich daraufhin durchaus nicht zurück. Gewöhnlich geht sie, nachdem sie die Stelle ausgiebig und in aller Gemütsruhe berochen hat, unbeeindruckt weiter. Oft sprüht oder reibt sie zuvor noch schnell das eigene Parfüm über das fremde.

Höchstwahrscheinlich haben die Duftmarken bei Katzen tatsächlich nur die Funktion von Mitteilungen darüber, wer wann wo gegangen ist.

Die Geruchsnachrichten ermöglichen es einer Katze, abzuschätzen, wie weit der Vorgänger bereits entfernt

Wahrscheinlich erkennt eine Katze an den Duftspuren, die sie ausgiebig beschnuppert, nicht nur, daß hier vor ihr ein Artgenosse gewesen ist, sondern sogar, um welche (ihr bekannte) Katze es sich dabei gehandelt hat.

ist. So kann sie eine ungewollte Begegnung vermeiden. Jeder persönliche Duftstoff beginnt ja, kaum ist er abgesetzt, an Geruchsintensität zu verlieren und sich durch Einwirkung des Luftsauerstoffs chemisch zu zersetzen. Durch diese kontinuierliche Duftabschwächung und -veränderung kann die Katze den Zeitraum abschätzen, der verstrichen ist, seit die Markierung gesetzt wurde. Jede Katze ist darauf bedacht, regelmäßige Kontrollgänge durch ihr Revier zu machen, um die eigenen Geruchsmarken wieder aufzufrischen.

Verkehrsregelung im Katzenrevier

In aller Regel überschneiden sich die Streifgebiete benachbarter Katzen in weiten Teilen. Das bedeutet, daß normalerweise die Wegenetze und auch die bevorzugten Jagdgebiete von mehreren Katzen gemeinsam benützt werden. Gemeinsam benützt heißt aber nicht, daß sie auch gleichzeitig benützt werden. Katzen verstehen es, persönliche Begegnungen mit Artgenossen zu vermeiden. Sogar Katzen, die ein Primärheim miteinander teilen,

Oben links: Durch Verspritzen von Urin, dem ein äußerst geruchsintensives Sekret aus den Analdrüsen zugesetzt ist, markieren Kater Geländepunkte, die ihnen strategisch wichtig erscheinen, mit ihrem persönlichen Duft.

Oben rechts: Das Krallenwetzen dient nicht nur dem Nachschärfen der Krallen, sondern vor allem der Reviermarkierung. Neben den deutlich sichtbaren Kratzern bleibt nämlich auch Sekret von Duftdrüsen, die an den Zehenballen sitzen, auf der Unterlage zurück.

Unten: Auf ihren Gängen durchs Revier sind Katzen stets bemüht, an markanten Stellen ihre persönlichen Visitenkarten in Form von Duftmarken zu hinterlassen. Häufig reiben sie zu diesem Zweck ihre Wangen an harten Gegenständen. Das ergibt eine viel dezentere Duftnachricht als das Urinspritzen, um so häufiger muß die rasch verblassende Botschaft wieder aufgefrischt werden. Durch sorgfältiges Beriechen prüft die Katze, ob der Geruch der markierten Stelle nun schon ihren Vorstellungen entspricht oder ob noch weiteres Rubbeln not tut.

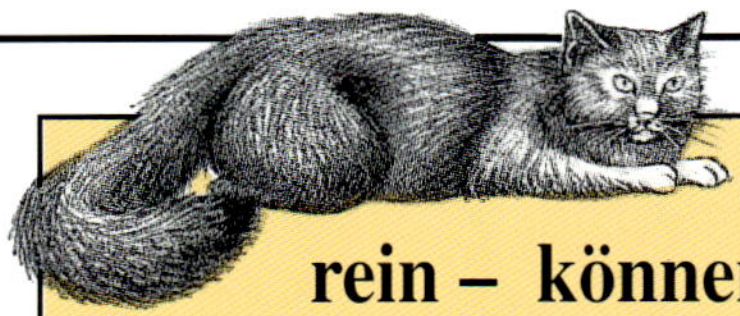

Raus oder rein – können sich Katzen denn nie entscheiden?

Dieser Stoßseufzer ist sicher schon jedem Katzenhalter entschlüpft, der seine Hausgenossen auf Verlangen hin jedesmal zur Tür hinausläßt, um sie dann fünf Minuten später – erneut aufgefordert durch nachdrückliches Miauen – durch ein Fenster wieder hereinzulassen. Kaum drinnen, wollen sie dann oft gleich wieder hinaus. Das kann nervtötend sein.
Katzen müssen Türen sicherlich für eine der unangenehmsten Erfindungen der Menschen halten. Sie hindern sie ständig an ihren Patrouillengängen durchs Revier, auf denen sie sich laufend aktuelle Informationen über die Aktivitäten ihrer Kollegen aus der Nachbarschaft verschaffen.
Wenn Sie die Möglichkeit dazu haben, tun Sie Ihrer Katze doch den Gefallen und bauen ihr ein spezielles Katzentürchen ein, durch das sie nach Belieben aus- und einschlüpfen kann. Solche nach beiden Seiten frei schwingenden Klappen lassen sich in die Haus- oder Kellertüre oder auch in ein Fenster einsetzen. Man kann sie für wenig Geld überall im Fachhandel erstehen – sofern man sie nicht lieber selber basteln will. Eine Öffnung mit einem Innenmaß von ungefähr 18 x 18 cm genügt vollauf, damit die Katze bequem durchschlüpfen kann.

bleiben auf ihren Streifzügen durch die Umgebung zumeist alleine.
Wenn zwei Katzen sich in freiem Gelände rechtzeitig sehen und einander beobachten können, kommt es nur äußerst selten zu aggressiven Tätlichkeiten. Sie setzen sich und ziehen sich nach einer Weile beide zurück, oder eine ergreift die Initiative und die andere wartet, bis die erste einen Kreuzungspunkt passiert hat. Die meisten Katzen gehen Konflikten eben am liebsten weiträumig aus dem Weg, oder man arrangiert sich durch Blickkontakt. Situationen, in denen die Tiere an einer unübersichtlichen Stelle überraschend aufeinandertreffen, sind dagegen wesentlich konfliktträchtiger. Meist geht es mit Drohgebärden und Gefauche ab, bisweilen entwickelt sich aber auch eine handfeste Auseinandersetzung. Wenn es ums Wegerecht und damit ums

Eine überraschend in nächster Nähe auftauchende Katze bringt ihre Artgenossen in Zugzwang. Ein Konflikt ist dadurch oft vorprogrammiert.

Eine Begegnung zweier Katzen verläuft immer wieder anders, abhängig nicht nur davon, welche beiden Tiere zusammentreffen, sondern auch, wie diese gerade aufgelegt sind. Gewöhnlich kennen die Katzen eines engeren Gebiets einander persönlich und sind über die Rangposition des jeweils anderen bestens informiert. Unter Katzen stürzt man nicht sogleich aufeinander los. Durch Blickkontakt und fein nuancierte Körpersignale gibt man einander aus der Entfernung seine Stimmung und Absicht zu erkennen. Selbst Tiere, die nach den kätzischen Gesellschaftsregeln eigentlich schlecht aufeinander zu sprechen sein müßten, verstehen es häufig, durch geschicktes Verhalten eine Auseinandersetzung zu vermeiden und dabei doch „das Gesicht zu wahren". Einer sieht zum Beispiel so lange geflissentlich weg, bis der andere Gelegenheit hatte, gemessenen Schrittes außer Reichweite zu gelangen. Kommt es zu einer unmittelbaren Begegnung (oben links, unten links), ergreift meist eines der Tiere die Initiative und „grüßt" den anderen mit weit vorgestreckter Nase (oben rechts). Beim gegenseitigen Beschnuppern (unten rechts) wollen die Katzen feststellen, ob sie „sich riechen können".

persönliche Prestige geht, erweisen sich übrigens Kätzinnen untereinander oft als viel streitsüchtiger und intoleranter als Kater.
Der Ausgang von Streitigkeiten oder gar ernsthaften Kämpfen um Revierrechte legt die künftige Rangordnung zwischen den beiden Kontrahenten fest. Eine einmal gewonnene Überlegenheit gilt aber nur für den Ort der Auseinandersetzung. An einer anderen Stelle im Revier kann ein Kampf derselben Tiere ohne weiteres umgekehrt ausgehen (im allgemeinen wachsen ja Selbstvertrauen und damit Kampfesmut einer Katze mit zunehmender Nähe zu ihrem Primärheim). Sogar die Zeit, zu der die entscheidende Begegnung erfolgte, spielt eine Rolle. Es gibt in der kätzischen Straßenverkehrsordnung so komplizierte Regeln wie zum Beispiel, daß vormittags Kater A auf einer bestimmten Gartenmauer den Vorrang hat, nachmittags dagegen Kater B.
Das alles gilt in erster Linie für das mehr oder weniger neutrale Terrain der Streifgebiete. Das Primärheim und seine unmittelbare Umgebung wird meist heftig gegen „Besucher" verteidigt, wobei auch hier wieder Kätzinnen im allgemeinen viel wütender reagieren als Kater. Doch gibt es dabei immer wieder auch eine individuelle Zutrittserlaubnis für bestimmte Tiere, egal ob über- oder unterlegen. Da kenne sich ein Mensch noch aus!

Katzen – gesellige Einzelgänger

Wildkatzen sind typische Einzelgänger, zweifellos. Außer in der Paarungszeit und während der Jungenaufzucht streifen sie allein umher und sorgen durch entsprechend kratzbürstiges Benehmen dafür, daß ihnen kein Artgenosse zu nahe auf den Pelz rückt. So sehr die Hauskatze ihren wilden Verwandten in vielen Dingen auch ähnelt, in

einem Punkt hat sie sich im Laufe ihrer Domestikation gründlich geändert: Sie hat die Fähigkeit zu sozialen Bindungen erworben. Viele Hauskatzen schätzen die Gesellschaft von Artgenossen sehr. Auch den Menschen betrachten sie nicht nur als Futterspender auf zwei Beinen, sondern als Sozialpartner, zu dem sie vielfach eine ausgesprochen enge Beziehung aufbauen.

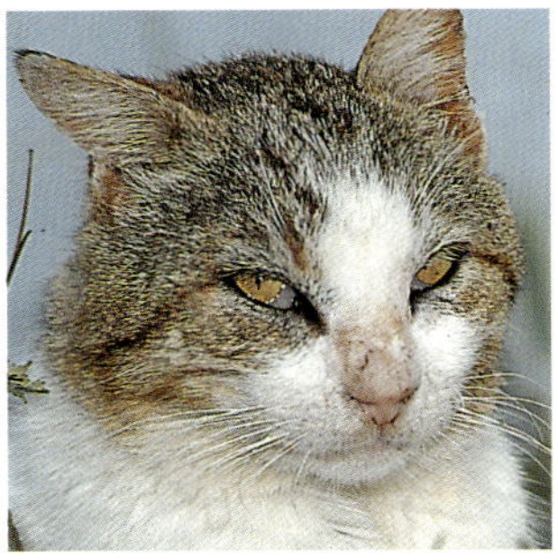

Das Gesicht dieses alten Haudegens ist gezeichnet durch die zahllosen Kämpfe, die er im Laufe der Jahre ausgefochten hat.

Die wichtige Phase der Sozialisierung

Es gibt in der Kindheit der Katze eine *sensible Phase*, die für ihr späteres soziales oder asoziales Verhalten ausschlaggebend ist. Das ist eine gewisse Zeitspanne, in der Erfahrungen mit anderen Lebewesen, seien es Artgenossen, andere Tiere oder auch Menschen, einen dauerhafteren Eindruck hinterlassen als außerhalb dieses Lebensabschnitts. Die sensible Phase für die Sozialisierung liegt bei der Katze zwischen der 2. und 7. Lebenswoche. Das heißt, Kätzchen, die innerhalb dieses Zeitraums intensiven und angenehmen Kontakt mit Menschen hatten, entwickeln sich in der Regel zu menschenfreundlichen Familienkatzen, während Katzen, die „wild" aufgewachsen sind, zeitlebens scheu und zurückhaltend bleiben.

Menschenscheue Katzen müssen aber gegenüber ihresgleichen durchaus nicht asozial sein. Inmitten einer Gruppe von sozialen Katzen aufgewachsen, verstehen sie sich gewöhnlich später ausgezeichnet mit Katzengenossen. Innerartliche und außerartliche Sozialisierung sind ganz offensichtlich voneinander unabhängige Vorgänge in der Entwicklung einer Katzenpersönlichkeit.

Der Sofalöwe, ein großes Kind

Vergleicht man das Verhalten einer in enger Beziehung mit Menschen lebenden Katze mit dem einer Wildkatze oder auch einer freilebenden Hauskatze, läßt sich eines kaum übersehen: Die Familien- und Schoßkatze zeigt eine ganze Reihe von Verhaltensweisen, die bei den „Wilden" nur während der Kindheit vorkommen. Ein Schrank voller Dosenfutter sowie regelmäßiger Küchenservice enthebt sie der Notwendigkeit, jemals wirklich erwachsen zu werden und sich mit dem Ernst des Lebens (sprich: der Nahrungsbeschaffung) zu befassen. Den sie betreuenden Menschen betrachtet sie nicht nur als dominante „Oberkatze", sondern zugleich als Mutterfigur. Mitkatzen, die im selben Haushalt leben, übernehmen

Bevor es zu einem ernsthaften Kampf kommt, umkreisen sich die Kontrahenten meist eine Weile. Sie drohen sich gegenseitig und schätzen einander ab. Als Zeichen großer Selbstsicherheit wird der Schwanz vom Körper abgespreizt und, zu einem Haken gekrümmt, steif nach unten gehalten. Wenn keiner weicht, wird der Kampf unter Einsatz von Zähnen und Krallen ausgefochten. (Zeichnung)

Die junge Abessinierkatze ist gar nicht gut zu sprechen auf andere Katzen. Sie ist neu zu einer Katzengruppe hinzugekommen und versucht nun, Ansehen zu gewinnen, um sich im neuen Heim behaupten zu können. Sie zeigt typisches Abwehrverhalten: Ihr Gesicht ist zu einer aggressiven Grimasse verzogen, die Körperhaltung angstvoll geduckt. Als ein gerade noch akzeptabler Mindestabstand zum „Feind" unterschritten wird, handelt die kleine Kätzin nach dem altbewährten Prinzip: „Angriff ist die beste Verteidigung." Ganz offensichtlich wird sie von ihren Gegnern noch nicht recht ernst genommen, sonst würde deren Reaktion gewiß heftiger ausfallen.

Im Gegensatz zu Wildkatzen, die außerhalb der Paarungszeit ein Einzelgängerleben führen, haben Hauskatzen in den Jahrtausenden ihrer Domestikation die Fähigkeit, soziale Bindungen einzugehen, entwickelt. Viele schätzen die Gesellschaft ihnen bekannter Artgenossen sehr. Auch noch als erwachsene Tiere suchen sie zum Schlafen oft den engen Körperkontakt mit einer befreundeten Mitkatze, ganz wie sie es als Nestjunge mit den Geschwistern gewöhnt waren.
Wo es, wie auf vielen Bauernhöfen, eine tägliche Futterration für alle gibt, kommt keine Rivalität auf. Die zur Gruppe gehörigen Tiere kennen sich und fressen mit großer Selbstverständlichkeit dicht beieinander. Doch wehe einer gruppenfremden Katze, die es wagen sollte, sich hier einzumischen!

die Rolle der Wurfgeschwister. Sie spielen miteinander, schlafen oft eng aneinandergeschmiegt, betteln bei ihrer Menschenmutter mit aufgestellten Schwänzen und aufdringlichem Sichreiben um Futter. Wenn sie auf dem Schoß des Menschen sitzt und gestreichelt wird, verspürt eine Katze sicherlich dasselbe Wohlbehagen wie damals in der Geborgenheit des Nests, in dem ihre (echte) Mutter sie gepflegt, gewärmt und gesäugt hat. Jedenfalls tritt und knetet sie nun mit ihren Vorderpfoten den weichen Schoß des Menschen, genauso, wie sie als Katzensäugling den Bauch der Mutter massiert hat, um den Milchfluß anzuregen.

Katzenversammlungen

Nun weiß man heutzutage so viel über Katzen und ihre Lebensart, und doch gibt es Verhaltensweisen, auf die wir uns keinen rechten Reim machen können. Dazu gehören auch die selten beobachteten Katzenversammlungen. Selten beobachtet deshalb, weil sie nachts stattfinden und im Gegensatz zu den ohrenbetäubenden Katzenbegegnungen der aggressiven Art ganz ruhig und friedlich verlaufen. Die Katzen der Nachbarschaft, Kater zumeist, aber auch emanzipierte Katzendamen, kommen an einem ruhigen, sicheren und zentral gelegenen Platz zwanglos zusammen. Man trifft sich, sitzt oder liegt entspannt herum, putzt sich vielleicht gegenseitig. Nur selten hört man ein kurzes Fauchen, wenn einer versehentlich einem anderen allzu nah auf die Pelle gerückt ist. Nach einer Weile schließlich löst sich die Runde wieder auf, und alle gehen nach Hause. Ob Katzen wohl aus dem gleichen Grund zu solchen Versammlungen gehen wie viele Leute abends rasch mal „auf ein Bier" in eine Kneipe?

Soziale Hierarchien

Unter den Katzen einer Region haben nur selten einzelne Tiere eine absolute Vormachtstellung. Für Begegnungen ist in der Regel individuell festgelegt, wer wem bei welcher Gelegenheit welche Vorrechte einzuräumen hat. Wo dies noch nicht klar ist, wird es nach den bestehenden Kampfregeln, in weitgehend ritualisierten Kämpfen, ausgefochten.
Die Rangordnung der Kätzinnen untereinander ist meist nicht besonders streng und basiert in erster Linie auf deren Rolle als Mutter. Mit jedem Wurf und vor allem während der Zeit, in der sie Junge führt, steigt der soziale Status einer Kätzin gewaltig an. Wird sie nach einigen Würfen kastriert, rutscht sie im Rang rasch nach unten. Kätzinnen, die kastriert wurden, bevor sie zum ersten Mal Junge hatten, haben keine Chance, jemals einen der höheren Ränge zu bekleiden.

Was tun bei Katzenkämpfen?

Am besten mischen Sie sich gar nicht ein. Erstens sieht in der Regel alles viel schlimmer aus (und hört sich vor allem schlimmer an), als es tatsächlich ist; die meisten Katzen machen bei Auseinandersetzungen ungeheuer viel Show. Zweitens riskieren Sie böse Kratzer, zumindest wenn Sie mit der bloßen Hand eingreifen (Menschenhaut ist deutlich dünner als Katzenfell, bedenken Sie das!). Und drittens muß jede Katze ihre Position in der Katzengesellschaft ausfechten, wenn sie in eben dieser Gesellschaft bestehen will. Unterbinden Sie dieses eine Mal den Kampf, wird er bei nächster Gelegenheit nachgeholt werden. Katzen beiderlei Geschlechts bestehen nun einmal darauf, die Verhältnisse untereinander klarzustellen.

Glauben Sie einmal tatsächlich einschreiten zu müssen, weil es einer unterlegenen Katze böse ans Fell geht, ist eine Wasserpistole mit kräftigem, weitreichendem Strahl das beste Mittel. Mit einem gezielten „Schuß“ können Sie den Überlegenen kurzfristig so irritieren, daß der Schwächere eine Gelegenheit zum Rückzug findet.

Die Katerhierarchie dagegen unterliegt ganz anderen Gesetzen. Hier geht es nach Verwegenheit und Kampfkraft. Die unkastrierten Kater einer Gegend bilden eine Art schlagende Verbindung oder Bruderschaft. Ein neu zugezogener Bursche oder ein gerade geschlechtsreif gewordener Jungkater muß sich seinen Platz darin erst durch eine Reihe von Kämpfen erringen. Hat er seine „Feuertaufe“ bestanden, ist er in die Bruderschaft aufgenommen. Von nun an muß er nur noch kämpfen, wenn er selber einen Ranghöheren herausfordert oder seinerseits von einem Rangniedrigeren herausgefordert wird. Solche Rangkämpfe innerhalb der Bruderschaft laufen zwar mit viel Getöse, aber größtenteils ritualisiert ab, das heißt ohne die Absicht, den Gegner völlig außer Gefecht zu setzen. Die Kater schlagen gezielt gegen die gut gepolsterten und durch dickes Fell geschützten Körperpartien. Ein zerschlitztes Ohr oder andere Blessuren stellen eher einen unglücklichen als einen gewollten Ausgang des Duells dar. (Anders ist das bei

Bei Kätzinnen kann die soziale Verbundenheit so weit gehen, daß sie sogar ihre Kinder gemeinsam großziehen. Katzenfreundinnen teilen nicht nur ein Wurflager miteinander, sondern säugen die Kleinen auch wechselseitig, oder die eine Mutter wärmt und umsorgt solange alle Jungen, bis die andere sich ausgeruht hat oder von einem Jagdausflug zurückgekehrt ist.

Kämpfen außerhalb der eigenen Bruderschaft. Dabei werden häufig echte „Beschädigungskämpfe" geführt, ohne Rücksicht auf Verluste und mit oft bösen Wunden als Folge.) Wird ein Kater, der sich bereits einen gewissen Rang in seiner Bruderschaft erkämpft hat, kastriert, rutscht er unweigerlich die Rangleiter wieder herunter. Eine Kastration vor Erreichen der Geschlechtsreife führt dazu, daß ein Kater von vornherein keinen Platz in der Bruderschaft der Nachbarkater findet.

Auch noch so soziale Katzen jedoch brauchen eine gewisse „Ellbogenfreiheit". Verhaltensforscher gehen davon aus, daß eine Katze von Artgenossen mindestens 50 cm Abstand halten können muß. Werden Tiere auf engerem Raum gehalten, nimmt die Häufigkeit der Rangeleien und ernsten Kämpfe dramatisch zu, und bald entwickelt sich ein ganz anderer Typ von Sozialstruktur: Ein oder zwei „Herrscher" regieren über einen mehr oder weniger gleichrangigen Mittelstand und einen oder einige völlig unterdrückte Außenseiter.

Die Bevölkerungsdichte

Bei Wildkatzen ebenso wie bei verwilderten Hauskatzen hängt es von der Menge des verfügbaren Futters ab, wie viele Tiere in einem bestimmten Areal leben. In der Wildnis leben ein bis fünf Katzen auf einer Fläche von 100 Hektar, je nach der Struktur der Landschaft und deren Reichtum an Beutetieren. Wo ihre Nahrung durch zusätzliche „Spenden" von Menschen bereichert wird, etwa auf Bauernhöfen, beträgt die Populationsdichte der Katzen schon bis zu 50 Tiere pro 100 Hektar. Im Umfeld ergiebiger Futterquellen, etwa Müllkippen, Fischereihäfen oder Großstadtplätze, an denen „Katzennarren" täglich eimerweise Futter verteilen, kann sich die Katzendichte auf bis zu 2000 Tiere pro 100 Hektar erhöhen. In einem japanischen Fischerdorf hat man in einem Gebiet dieser Größe sage und schreibe 2350 Katzen gezählt, herrenlose wohlgemerkt!

Wilde Straßenbanden

Je größer die kätzische Bevölkerungsdichte, desto eher leben Katzen nicht mehr einzelgängerisch, sondern in gesellschaftlichen Gruppen. In den verwilderten Katzenpopulationen der Großstädte oder Häfen tolerieren sich die Tiere nicht einfach nur gegenseitig. Vielmehr kann man häufig ein aktives Sozialverhalten beobachten. Ob in Rom, Paris oder München, überall schließen sich die Straßenkatzen zu Clans zusammen und schlagen sich gemeinsam durch ihr nicht eben leichtes Katzenleben. Durchschnittlich 15–20 erwachsene Tiere besetzen ein Stadtrevier und verteidigen es gemeinsam gegen Eindringlinge. Ein Alpha-Kater steht an der Spitze der Bande. Seine Aufgabe besteht vor allem darin, das Revier durch Geruchsmarkierungen und gegebenenfalls mit Krallengewalt gegen gruppenfremde Artgenossen abzusichern. Bei den Kätzinnen seines Clans spielt er durchaus nicht die erste Geige. Diese paaren sich zumeist mit mehreren Katern (auch rangniedrigen). Dadurch verringern sie die Gefahr, daß ein Kater meuchelnd über ihre Jungen herfällt. Er müßte

schließlich befürchten, es sind seine eigenen (siehe das Kapitel Geburt und Aufzucht). Die Kater innerhalb eines Clans wiederum streiten sich nicht um rollige Kätzinnen. Es hätte wohl auch wenig Sinn, denn bei so großer Katerdichte stünde sicherlich gleich ein lachender Dritter bereit, um bei der Dame für die beiden Duellanten einzuspringen. Kätzinnen einer solchen Gruppe ziehen ihre Jungen häufig gemeinsam auf. Das beginnt mit einem gegenseitigen Hebammendienst bei der Geburt und reicht über wechselseitiges Säugen der Jungen bis zur Einrichtung eines Kinderhorts, in dem die Kleinen unter der Aufsicht einiger Ammen oder Tanten stehen, während ihre Mütter das eigene Fell pflegen oder auf die Jagd gehen.

Man kann wohl ohne Übertreibung von einer regelrechten Verhaltensrevolution sprechen. Die Gründe für die wunderbare Wandlung der Katze vom Einzelgänger zum Rudeltier stellen die Verhaltensforscher vorläufig noch vor Rätsel. Haben Katzen einfach gelernt, daß es sich in der Gruppe leichter überleben läßt als allein, oder haben sich in neuester Zeit die erblichen Eigenschaften so drastisch verändert? Oder führten die Katzen im Asphaltdschungel der Städte etwa schon lange ein reges Gruppenleben, und es hat bislang nur niemand bemerkt?

Nicht nur Katzen, die gemeinsam in einem Menschenhaushalt leben, pflegen ein reges Sozialleben. In Gebieten mit hoher kätzischer Bevölkerungsdichte schließen sich auch „wilde" Straßenkatzen zu Gruppen zusammen. In einer Gruppe zu leben bedeutet bei Katzen jedoch nicht, daß sie unablässig beieinander sind. Auf ihre täglichen Revier- und Jagdstreifzüge geht jede Katze allein. Die einzelnen Streifgebiete jedoch überlappen sich weitgehend, die Tiere kennen und tolerieren einander. Im Kerngebiet der Katzengruppe, in deren eigentlichem Zuhause, beziehen sie oft gemeinsamen Unterschlupf und teilen eine ergiebige, regelmäßige Futterquelle, so vorhanden, redlich untereinander auf. Die Zusammensetzung eines solchen Katzenverbands, so stellte sich bei verschiedenen Langzeitstudien heraus, ist erstaunlich stabil. Die meisten Tiere, vor allem Kätzinnen, gehören ihr Leben lang derjenigen Gruppe an, in der sie geboren sind. Ihre Musestunden verbringen die Gruppenmitglieder gerne gemeinsam, putzen sich oder ruhen dicht nebeneinanderliegend, pflegen sich sogar manchmal gegenseitig das Fell.

Katzen beziehen die Dachflächen der menschlichen Siedlungen in ihr Revier mit ein, als zweite Ebene sozusagen. Hier führt gerade eine Mutterkatze ihre halbwüchsigen Jungen aus, ein andermal dient das Hausdach als Treffpunkt für eine Katzenversammlung.

ALTER UND KRANKHEIT

Nicht immer ist ein Katzenleben nur eitel Sonnenschein. Parasiten, Virusinfektionen, traumatische Erlebnisse machen Katzen physisch und psychisch krank. Und wenn sie in die Jahre kommen, werden aus den anfänglichen Alterswehwehchen oft schwere körperliche Gebrechen, die dem Katzenleben einen recht mühseligen Abschluß geben.

So ein Katzenleben steckt voller Gefahren! Waren früher in erster Linie größere Raubtiere und Waidmänner die Feinde der Wildkatzen, werden heutige Hauskatzen mit den vielfältigen Gefährdungen durch unsere technologisierte, chemieverseuchte, in jeder Hinsicht unnatürliche Umwelt konfrontiert. Da heißt es, allerhand zu überstehen, um in Katzenwürde alt zu werden. Außer den Verletzungen, die Katzen bei ihren Kämpfen untereinander oder mit wehrhaften Beutetieren sowie durch Unfälle erleiden, können sie auch von einer ganzen Reihe von Krankheiten heimgesucht werden. Wohl der Katze, die dann die Fürsorge einer Menschenfamilie genießt und von den Erfahrungen eines Tierarztes profitieren kann! Eine freilebende Katze muß dann sehen, wo sie bleibt – häufig leider auf der Strecke. Da sind tierische Parasiten, die am oder im Körper der Katze schmarotzen, noch ein vergleichsweise geringes Übel.

Parasiten

Bei der heutigen hygienischen Lebensführung des Menschen erregen Parasiten häufig mehr Angst und Schrecken als Krankheiten. Eine Krankheit gilt als unverschuldeter Schicksalsschlag, Läuse, Flöhe & Co. dagegen zeugen, so ist die allgemeine Meinung, von Unsauberkeit und Verwahrlosung und sind eine Schande. Diese Einstellung überträgt der Mensch auch auf die mit ihm in enger häuslicher Gemeinschaft lebenden Tiere. Wenn auch die

Abscheu vor denjenigen Lebewesen, die von der Natur für eine parasitäre Lebensweise vorgesehen sind, bisweilen etwas übertrieben erscheint, ist eine rigorose Bekämpfung der ungebetenen Gäste dennoch äußerst sinnvoll. An sich legen es Parasiten zwar nicht darauf an, ihren Wirt gleich umzubringen (sie würden sich damit ja gleichsam den Ast absägen, auf dem sie sitzen), aber sie sind der Gesundheit und dem Wohlbefinden ihres Wirts auch nicht eben förderlich. Ist ein Tier bereits geschwächt, kann es leicht zu einem Massenbefall durch Parasiten kommen, die ihm dann über kurz oder lang den Garaus machen. Katzen, die freien Auslauf haben, werden sich auch bei bester Fürsorge immer wieder lästige Untermieter „einfangen". Völlig freilebende Katzen tragen, wie praktisch alle Wildtiere, die verschiedensten Parasiten sowieso mit sich herum. Nach ihrem Aufenthaltsort am oder im Körper des Wirtstiers teilt man die Parasiten in innere und äußere oder, in der Fachsprache, *Endo-* und *Ektoparasiten* ein. Im folgenden seien nur einige der bei der Katze häufig vorkommenden Schmarotzer erwähnt.

Spulwürmer

Einer der häufigsten Schmarotzer, die in und von der Katze leben, ist der Spulwurm. Vor allem junge Katzen haben unter ihm zu leiden. Die ausgewachsenen, 6–10 cm langen, drehrunden Würmer leben vom Darminhalt. Bei einem starken Befall entziehen sie ihrem Wirt einen ganz beträchtlichen Teil

Krank sein, Fieber oder Schmerzen haben ist für die Katze eine beängstigende Situation. Sie kennt ja die Zusammenhänge nicht. Instinktiv sucht sie sich ein warmes Plätzchen und bleibt dort ruhig liegen.

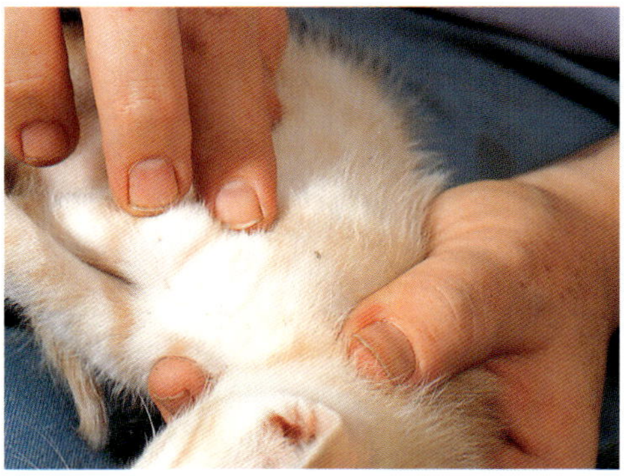

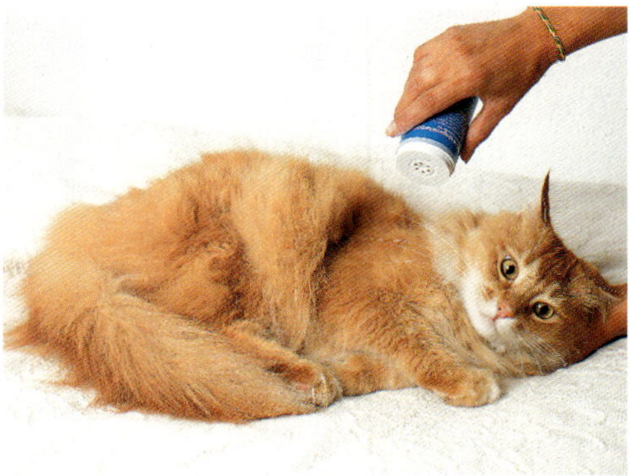

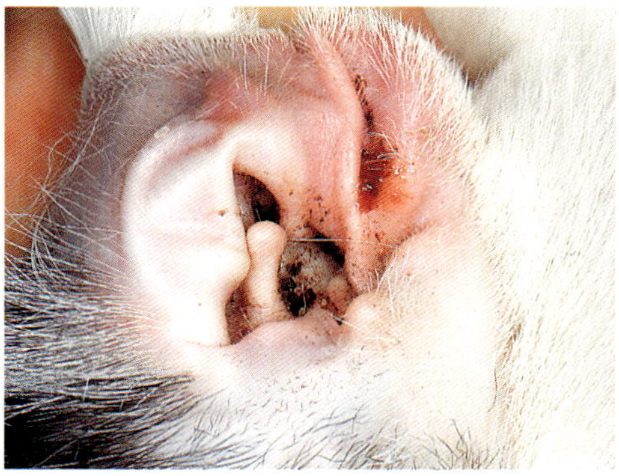

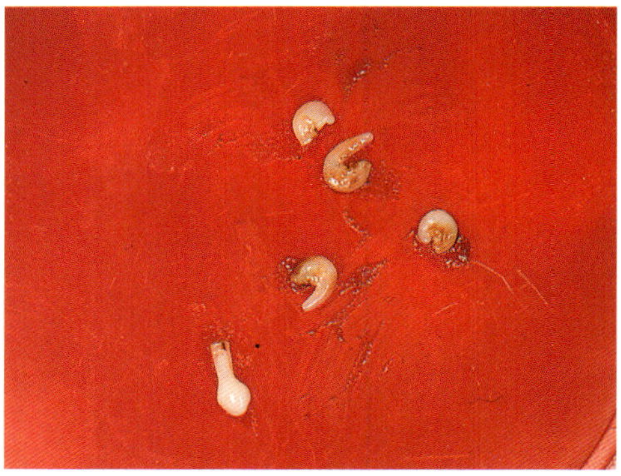

Parasiten gehören in der Natur zu den allgegenwärtigen Kleinlebewesen, vor denen kein Tier sicher ist. Sie können bei starkem Befall die Gesundheit ihrer Wirtstiere erheblich beeinträchtigen. Für die umsorgte Hauskatze sind daher Vorbeugungsmaßnahmen, eine regelmäßige Kontrolle und gegebenenfalls gezielte Bekämpfungsmaßnahmen dringend anzuraten. Kratzt sich die Katze häufig und auffallend hektisch und bemerkt man bei genauerer Inspektion ihres Fells kleine schwarze „Punkte", die zwischen den Haaren herumklettern (oben links), ist es höchste Zeit für eine Entflohungskampagne mit Flohpuder (oben rechts). Schwarzbraune Krümel und Beläge in den Ohren (unten links) sind ein Zeichen dafür, daß die Katze Ohrmilben mit sich herumträgt. Diese mit bloßem Auge fast nicht zu erkennenden Milben (die übrigens nicht auf den Menschen übergehen) verursachen einen starken Juckreiz. Bandwürmer, die im Darm der Katze leben und sich von dem bereits aufgeschlossenen Nahrungsbrei ihren Teil abzweigen, scheiden von Zeit zu Zeit einzelne Körperglieder, die Eier enthalten, ab. Die weißlichen Bandwurmteile werden über den After der Katze ausgeschieden (unten rechts).

seiner Nahrung, so daß die Katze unentwegt fressen und dennoch bis auf die Knochen abmagern kann. Bis der Spulwurm jedoch im Darm der Katze angelangt ist, hat er schon einen langen Weg hinter sich. Spulwurmeier sind mikroskopisch klein und können ausgetrocknet am Boden monatelang am Leben bleiben. Sie werden mit dem Staub vom Wind verweht und auch, an Schuhsohlen haftend, in Wohnungen getragen. Werden sie von einer Katze aufgenommen, schlüpfen aus den Eiern Larven, die die Magen- oder Darmwand durchbohren und über die Blut- oder Lymphbahn in die Lunge gelangen. Von dort führt sie ihr weiterer Weg durch die Luftröhre in den Rachenraum. Unwillkürlich verschluckt die Katze die winzigen Larven, womit diese wieder, diesmal endgültig, im Magen-Darm-Trakt gelandet wären.

Bandwürmer

Die je nach Art 20 bis über 60 cm langen, gegliederten Würmer verankern sich mit Hakenkränzen und Saugnäpfen, die sie am Kopf tragen, in der Darmwand der Katze. Da sie an ihrem „Standort" von einem Nahrungsbrei umgeben sind, der durch die Verdauungssäfte der Katze bereits aufgeschlossen ist, können sie auf einen eigenen Darm verzichten. Bandwürmer nehmen die Nahrung über ihre ganze Körperoberfläche auf. An ihrem hinteren Ende stoßen sie von Zeit zu Zeit einzelne, mit Eiern prall gefüllte Körperglieder ab. Die Katze scheidet diese weißlichen Bandwurmteile über den After aus. Nun müssen die Eier von einem artspezifischen „Zwischenwirt" aufgenommen werden, in welchem sie sich zu den sogenannten Finnen entwickeln können. Erst in diesem Stadium können sie wieder auf Katzen „übersiedeln", dann nämlich, wenn die Katze den Zwischenwirt frißt. Solche Zwischenwirte sind zum Beispiel Katzen-

und Hundeflöhe, die die Katze bei der Fellpflege oft aufnimmt und verschluckt, aber auch Mäuse und Ratten. Fleißige Mäusejäger kommen kaum daran vorbei, sich mit der schmackhaften Beute auch den Bandwurm einzuverleiben.

Flöhe

Diese flinken Springer sind rechte Quälgeister. Sie durchstechen mit ihrem Saugrüssel die Haut und ernähren sich vom Blut der Katze. Ihr Speichel, den sie in die winzige Wunde injizieren, enthält eine gerinnungshemmende Substanz, so daß sich nicht so rasch ein Blutpfropf bildet und die Saugstelle verstopft. Dieser Speichel läßt die Einstiche unangenehm jucken, was die Katze zu heftigem Kratzen und Scheuern veranlaßt. Das wiederum kann zu großflächigen Entzündungen der betroffenen Hautstellen führen. Außer dem Katzenfloh findet sich auch der Hundefloh gelegentlich im Fell der Katze ein. Die Flöhe halten sich meist nur zum Saugen, etwa 1–3 Stunden pro Tag, auf ihrem Wirtstier auf. Zwischendurch springen sie ab und warten dann am Boden, bis wieder ein geeignetes Opfer vorbeikommt. Flohweibchen legen ihre Eier in Ritzen und Winkel am Boden oder auch direkt ins Katzenfell. Die daraus ausschlüpfen-

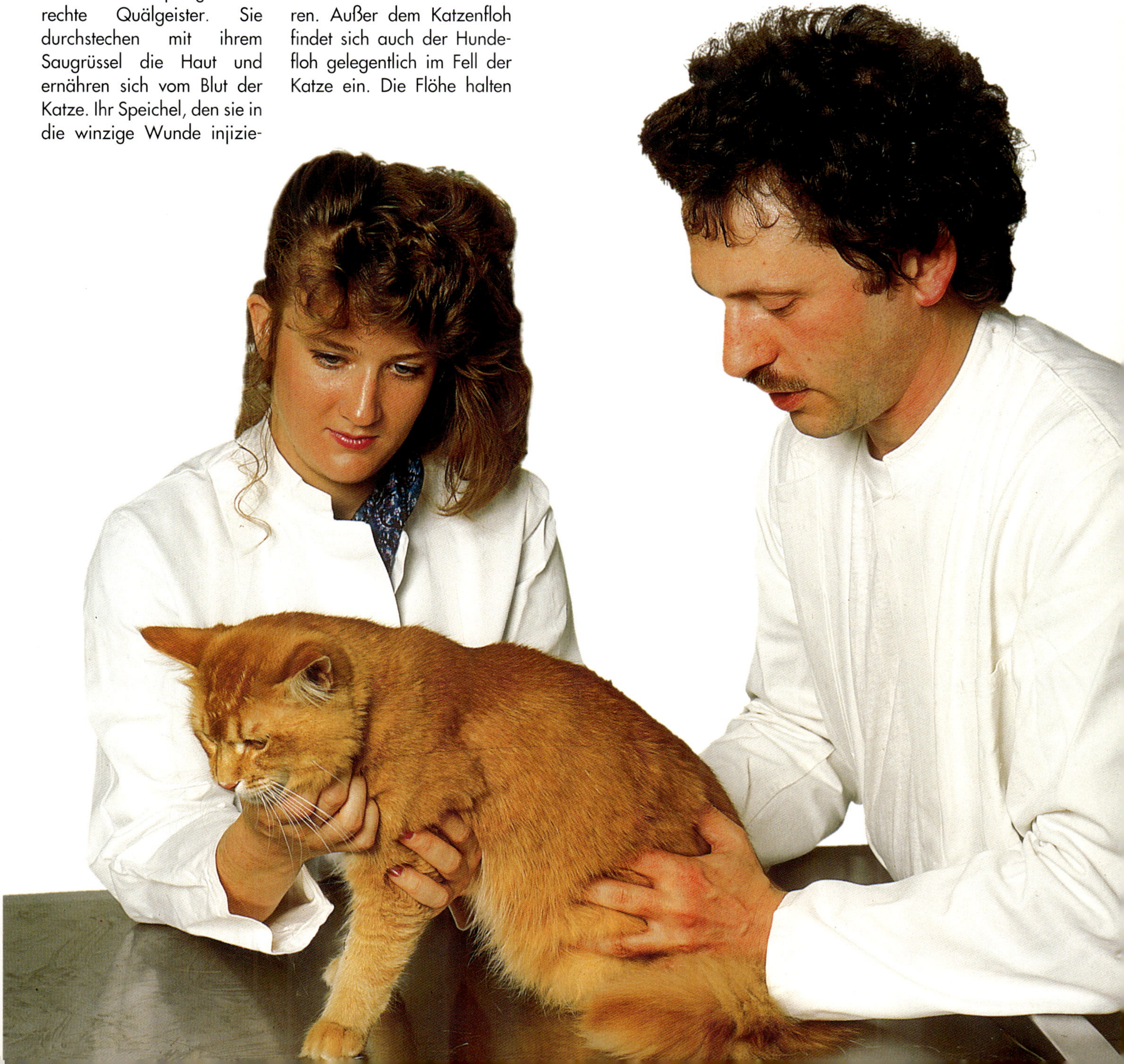

Vom Besuch beim Tierarzt ist kaum eine Katze begeistert, da kann die Arzthelferin sie noch so freundlich kraulen. Als Teil seiner Untersuchungsroutine tastet der Tierarzt sorgfältig die Bauchorgane der Katze ab.

den Larven ernähren sich von Moder und organischen Abfällen oder vom Kot erwachsener Flöhe, der aus unvollständig verdautem Blut besteht. Schließlich verpuppen sich die Larven, und nach einer Puppenruhe von wenigen Tagen bis zu mehreren Monaten (im Winter) schlüpft eine neue Generation von Flöhen aus, die sich über die nächstbeste vorbeikommende Katze hermacht.

Ein zweckmäßiges und für die Katze bequemes Krankenlager kann aus einer dicken Lage Zeitungspapier bestehen, über die eine alte Decke oder ein großes Handtuch gebreitet ist. Es sollte sich in einem warmen Raum befinden, am besten am Lieblingsruheplatz der Katze.

Häufige Infektionskrankheiten

Katzen sind zähe Tiere, die auch böse Verletzungen noch erstaunlich gut überstehen können. Gegen Virusinfektionen jedoch haben sie keine übermäßige Widerstandskraft. Katzenseuche, Katzenschnupfen und Tollwut sind wahre „Katzenkiller", die heute aber dank moderner Impfstoffe für unsere Hauskatzen viel von ihrem Schrecken verloren haben. Dies ist kein tiermedizinisches Werk. Daher sollen aus der langen Liste von Krankheiten, mit denen sich eine Katze infizieren kann, nur zwei, die typische Katzenkrankheiten sind, kurz angesprochen werden.

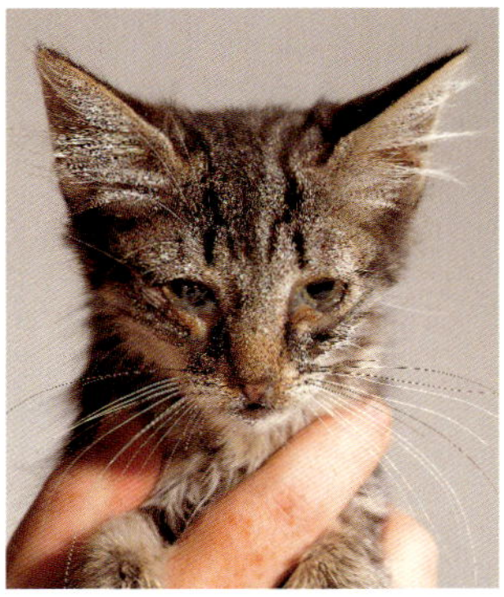

Ein Kätzchen, das an akutem Katzenschnupfen erkrankt ist, bietet wahrhaft einen erbarmungswürdigen Anblick.

Die Katzenseuche, die wohl schlimmste Katzenkrankheit, hat viele Namen: Katzenpest, Katzenstaupe (obwohl sie nichts mit der Hundestaupe gemein hat), im Fachjargon *Panleukopenie* oder *Enteritis infectiosa*. Es ist eine Entzündung des Rachenraums und Magen-Darm-Kanals. Der Erreger, ein hochansteckendes Virus, findet sich in allen Körperausscheidungen der kranken Katze und kann, einmal in der Umgebung verbreitet, noch monatelang infektiös bleiben. Katzen können sich so gut wie überall damit anstecken. Vor allem trifft es junge Katzen bis etwa zum zweiten Lebensjahr. Ungeborene Kätzchen können sich noch im Mutterleib anstecken. Ohne tierärztliche Behandlung liegt die Sterblichkeit erkrankter Tiere bei 80–90 %.

Der ebenso häufige wie ansteckende Katzenschnupfen ist keine einheitliche Krankheit, sondern wird von verschiedenen Erregern verursacht. Vorwiegend erkranken Jungkatzen im ersten Lebensjahr. Die schwere Entzündung, die mit Fieber und eitrigem Ausfluß aus Nase und Augen einhergeht, bleibt meist auf die oberen Luftwege beschränkt. Sofern nicht eine schwere Folgeerkrankung, etwa Lungenentzündung, dazukommt, hat die

Was tun gegen Flöhe?

Flöhe sind einfach und schwierig zugleich zu bekämpfen. Einfach, weil es heutzutage leicht anzuwendende und dabei sehr wirksame Mittel dagegen gibt, schwierig, weil sie von Gott weiß woher immer wieder auftauchen. Katzen, die ins Freie dürfen, kann man ein Flohhalsband anlegen, das über längere Zeit Flöhe vergraulende Wirkstoffe abgibt. Leider kann es dabei zu (allerdings seltenen) Unfällen kommen, dann nämlich, wenn Ihre Katze mit dem Halsband beim Klettern oder Durchschlüpfen irgendwo hängen bleibt und sich damit stranguliert. Ich selbst bevorzuge eine Bekämpfung der flinken Springer mittels Spray und Puder. Man besprüht das Lager und die Lieblingsruheplätze der Katze in 14tägigem Abstand mit Flohspray– nicht die Katze selbst, denn die würde das Zischen der Spraydose mit wildem Fauchen verwechseln und erschrocken Fersengeld geben. Für eine fallweise Entflohungskampagne am Tier selbst ist Flohpuder besser geeignet. Reiben Sie ihn gründlich, auch gegen den Strich, in das Fell der Katze. Wickeln Sie dann die Katze bis zum Hals in ein Handtuch oder stecken sie in einen alten Kopfkissenbezug, und halten Sie sie eine halbe Stunde auf Ihrem Schoß, bevor Sie den Puder wieder sorgfältig aus dem Fell bürsten. Würde die Katze sich in ihrem Reinlichkeitsbestreben den ganzen Puder aus dem Fell lecken, wären Vergiftungserscheinungen nicht auszuschließen. Vereinzelte Flöhe kämmt sich die Katze übrigens mit ihren „Flohzähnchen“ geschickt selbst aus dem Fell.

Katze jedoch eine gute Überlebenschance.

Verhaltensstörungen

Katzen sind liebenswürdige, pflegeleichte und saubere Hausgenossen, die sich in die verschiedensten Familiensituationen problemlos einfügen können. Aber die erstaunliche Anpassungsfähigkeit der Katze hat auch ihre Grenzen. Ein Leben, das nicht wenigstens einigermaßen artgemäß verläuft und in dem die Katze ihre elementarsten Bedürfnisse nicht ausleben kann, bedeutet einen ununterbrochenen Streß für das Tier. Und zuviel Streß macht krank, das gilt nicht nur für uns Menschen. Katzen können darauf sowohl mit körperlichen Erkrankungen als auch mit „neurotischen“ Störungen reagieren. Mußte eine Katze in ihrer Kindheit unangenehme Erfahrungen mit Menschen machen, kann sie dadurch für den Rest ihres Lebens als Streicheltier „verkorkst“ sein und bei jeder Annäherung einer fremden Person blitzartig unter dem Sofa verschwinden. Katzen haben auch eine eindringliche Art, ihre Halter auf Mißstände aufmerksam zu machen, die ihrer Ansicht nach untragbar sind. Eine besonders wirksame Maßnahme besteht darin, von einem Tag auf den anderen ihr Geschäft nicht mehr in, sondern neben der Katzentoilette zu erledigen. Das kann Protest gegen mangelnde Sauberkeit eben dieser Toilette sein, kann aber ebenso gut Ausdruck einer seelischen Verwirrung der Katze sein, etwa weil sie die Gunst ihres Menschen plötzlich mit einem neuen Familienmitglied teilen muß oder weil der Mensch wichtige Teile ihrer Alltagsroutine eigenmächtig verändert hat. Manche Katzen verweigern die Futteraufnahme,

Der moderne Straßenverkehr stellt für unsere Katzen eine ernsthafte Bedrohung dar. Jedes Jahr verunglücken Tausende von Katzen auf den Straßen, weil sie die Gefahr, die von den riesigen, laut knurrenden und rasend schnell heranstürmenden „Autotieren“ ausgeht, einfach nicht richtig einschätzen können.

Eine Katze, die mangels anderer Gelegenheit Holz- und Polstermöbel zum Klettern benutzt oder ihre Krallen daran wetzt, verhält sich völlig normal und ihrer Natur gemäß. Die auf Schonung ihres Mobiliars bedachten Menschen dagegen sehen darin meist eine grobe Unart des Tiers. Von einer Verhaltensstörung kann in einem solchen Fall jedoch nicht die Rede sein.

wenn sie von ihren Besitzern weggegeben werden, sei es in eine Urlaubs-Katzenpension oder ganz in neue Hände. So ein Hungerstreik kann bis zur völligen Entkräftung durchgehalten werden und ist immer ein Zeichen, daß die Katze zutiefst leidet, weil sie sich „von Gott und der Welt verlassen" fühlt.

Es kommt auch vor, daß sich eine bislang recht gutmütige Schmusekatze in eine aggressive Kratzbürste verwandelt. Wenn aus gelegentlichen Kratzern, die beim lebhaften Spiel „im Eifer des Gefechts" in der Menschenhand zurückbleiben, ernste und absichtlich zugefügte Biß- und Kratzwunden werden, kann dies auf eine Art Aggressionsstau zurückzuführen sein. Er tritt manchmal auf, wenn eine an sich aktive Katze überhaupt keine Gelegenheit bekommt, ihren Jagd- und Kampftrieb auszuleben. Manchmal schafft da schon geeignetes Spielzeug Abhilfe.

Auf keinen Fall will eine Katze mit ihrem abnormen Verhalten nur ihre Menschenfamilie ärgern. Verhaltensstörungen sind eigentlich immer als eine Art Hilferuf anzusehen, der deutlich macht, daß die Haltungsbedingungen dieser Katze alles andere als artgemäß sind. Daher sollte sich vor allem der zugehörige Mensch angesprochen fühlen, sein eigenes Verhalten zu überprüfen und zu ändern, um seiner Katze mit all ihren arteigenen Bedürfnissen annähernd gerecht zu werden.

Die Lebenserwartung einer Katze

Obwohl der Volksmund steif und fest behauptet, eine Katze habe neun Leben, konnten Wissenschaftler bislang über die Leben Nummer 2–9 noch nichts in Erfahrung bringen. Und so steht zu vermuten, daß das erste Leben der Katze wohl auch ihr einziges ist. Seine Dauer hängt weitgehend von der Lebensweise und Rasse der Katze ab, natürlich auch von ihrer persönlichen Veranlagung bzw. von Krankheit oder Unfall. Generell kann man sagen, daß Wohnungskatzen ein längeres Leben beschieden ist als ihren freilebenden Artgenossen. Umfangreiche Studien über die Lebensdauer von Katzen erbrachten folgende Ergebnisse: Ausschließlich in der Wohnung gehaltene Katzen erreichen im Durchschnitt ein Alter von 12–15 Jahren,

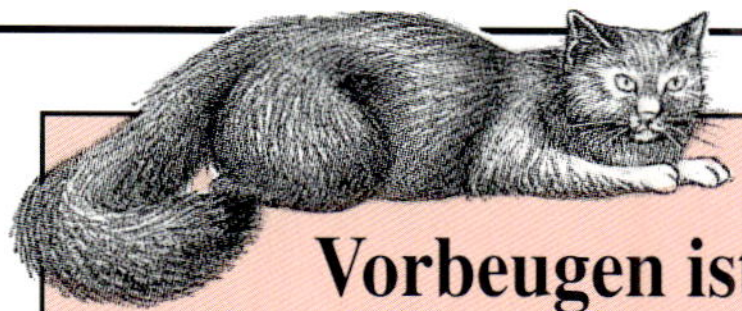

Vorbeugen ist allemal besser als heilen

Die moderne Tiermedizin kennt heute äußerst wirksame und dabei gut verträgliche Impfstoffe, mit denen Sie Ihre Katze vor den schlimmsten Viruserkrankungen schützen können. Ihrer Katze zuliebe sollten Sie zumindest das von den Tierärzten empfohlene Impfprogramm gegen Katzenseuche, Katzenschnupfen und Tollwut gewissenhaft durchziehen. Die Impfung gegen Tollwut ist auch in Ihrem ureigensten Interesse, denn eine Ansteckung mit dieser Krankheit kann auch für den Menschen (noch immer) tödlich verlaufen. Es soll allerdings nicht unerwähnt bleiben, daß auch bei einer geimpften Katze noch ein gewisses – aber äußerst geringes – Restrisiko besteht, von ihr mit Tollwut infiziert zu werden. War sie in eine Beißerei mit einem tollwütigen Tier, etwa einem Fuchs, verwickelt, wird sie zwar nicht selbst an Tollwut erkranken, kann den Erreger aber eine Zeitlang durch Beißen weiterübertragen.

Katzen mit freiem Auslauf werden 8–10 Jahre und völlig frei lebende Katzen runde 6 Jahre alt. Das sind Durchschnittswerte, wohl gemerkt. Vor allem im Freien fallen viele Katzen vorzeitig einer Krankheit oder einem Unfall zum Opfer. Andererseits sind unter den behüteten und vom Tierarzt optimal versorgten Familienkatzen über 20jährige Methusalems heute keine Seltenheit mehr. Das gesicherte Rekordalter einer Hauskatze liegt bei 36 Jahren. Es handelte sich um eine Katzendame namens Puss, die nachweislich von 1903 bis 1939 lebte. Doch ist dies zweifellos ein extremer Ausnahmefall. Unter den Rassekatzen sind Siamkatzen und Burmesen ausgesprochen langlebig. Viele andere, vor allem besonders hochgezüchtete Rassekatzen haben dagegen eine deutlich kürzere Lebenserwartung als Mischlinge undefinierter Zusammensetzung. Der Grund dafür dürfte in der hohen Inzuchtrate dieser „Edelkatzen" zu suchen sein.

Bei Katern wirkt sich eine Kastration als eine lebensverlängernde Maßnahme aus. Gleichgültig, ob mit oder ohne Auslauf, überleben Kastraten ihre intakten Artgenossen mit hoher Wahrscheinlichkeit um etliche Jahre.

Es kann verschiedene Ursachen haben, wenn eine Katze plötzlich stubenunrein wird (oben). Eine organische Erkrankung kann ebenso der Grund sein wie eine schwere psychische Belastung. Die Katze drückt dann mit ihrem abnormen Verhalten aus, daß sie ihr seelisches Gleichgewicht verloren hat. Die Unsauberkeit, die sich in den allermeisten Fällen auf das Absetzen von Urin, nicht auch Kot, beschränkt, ist daher als Hilferuf zu verstehen, keinesfalls als Ungezogenheit.

Das Spritzmarkieren von Katern (unten) – und auch einigen Kätzinnen – in der Wohnung entspricht einem uralten Instinktverhalten. Den Menschen, mit denen die Katzen ihr Wohnrevier teilen, mag es zwar beträchtlich stinken, es ist jedoch weder krankhaft noch eine Verhaltensstörung. Abhilfe bringt nur eine Kastration des Tiers – und die nicht immer.

Während wir Menschen, grob gerechnet, ein Drittel unserer Lebenszeit in Kindheit und Jugend verbringen, ein Drittel als Erwachsene und ein Drittel im Alter, ist eine Katze bereits nach rund einem Zehntel ihrer (durchschnittlichen) Lebensspanne erwachsen, und nur während des letzten Zehntels merklich alt. Oben ein junges Siamkätzchen, rechts eine erwachsene Siamdame.

Katzen – eine Gefahr für schwangere Frauen?

Lebt eine schwangere Frau in der Gesellschaft einer Katze, fällt meist sehr schnell das Stichwort Toxoplasmose. Diese überaus häufige Krankheit wird von einem einzelligen, parasitären Krankheitserreger, dem *Toxoplasma gondii,* verursacht und verläuft wie eine leichte Grippe. Sie kann Vögel und Säugetiere einschließlich des Menschen befallen. In einem bestimmten Stadium wandeln sich die Erreger in sehr widerstandsfähige Dauerformen, sogenannte Zysten, um, die sich in der Muskulatur ablagern oder mit dem Kot ausgeschieden werden. Die Ansteckung erfolgt meist durch den Verzehr erregerhaltigen Fleisches, aber auch – und darin liegt die Gefahr für Katzenhalter – durch ausgeschiedene Zysten, die zu Staub eintrocknen und so in der Umgebung der Katze überall hin verschleppt werden können. Wer die Krankheit schon einmal durchgemacht hat (meist, ohne es überhaupt zu merken), ist gegen eine weitere Ansteckung immun. Das trifft in unseren Breiten etwa für zwei Drittel aller Menschen zu. Erfolgt die Erstinfektion während der Schwangerschaft, wird in etwa der Hälfte der Fälle das Ungeborene mitinfiziert. Ohne Behandlung können dadurch bei ihm Schäden am Gehirn und der Netzhaut der Augen zurückbleiben. Eine werdende Mutter sollte zu Beginn der Schwangerschaft von ihrem Arzt eine Blutuntersuchung auf Toxoplasmose-Antikörper durchführen lassen. Dadurch läßt sich feststellen, ob sie bereits immun ist. In diesem Fall gibt es sowieso keinen Grund zur Sorge. Sollte noch keine Immunität bestehen, ist eine sorgfältige Beachtung allgemeiner Hygienemaßnahmen im Umgang mit Katzen, vor allem mit dem Katzenklo, anzuraten. Bei entsprechender medizinischer Kontrolle der werdenden Mutter ist aber, alles in allem, das Zusammentreffen von Schwangerschaft und Katze kein Grund zur Familienpanik und erst recht kein Grund, die Katze „abzuschaffen". (Im übrigen ist eine Ansteckung mit dem Toxoplasmose-Erreger durch rohes oder nicht ausreichend gegartes Schweinefleisch viel wahrscheinlicher als eine Ansteckung durch die Katze.)

Der Lebensabend einer Katze

Erste typische Alterserscheinungen machen sich bei den meisten Katzen beim Springen und Putzen bemerkbar. Die Gelenke versteifen sich allmählich, die Bewegungen des bislang so geschmeidigen Katzenkörpers werden deshalb langsamer. Vor allem das Springen bereitet der Katze immer mehr Mühe. Aufwärts reicht oft die Schnellkraft ihrer Beine nicht mehr aus, abwärts landet sie mit einem schwerfälligen Plumps. Bei Katzen-Methusalems kann es soweit kommen, daß man sie auf ihren Lieblingsstuhl hinaufheben muß. Es bedarf wohl keiner weiteren Erklärung, daß eine solchermaßen gebrechliche

Katze nur noch in Menschenobhut überleben kann. Als Selbstversorger, gleichgültig, ob in der Stadt oder auf dem Land, hätte sie längst keine Chance mehr, ausreichend Beute zu erwischen, zumal auch ihr Gebiß meist schon Lücken aufweist. Je steifer der Körper wird, desto schwerer fällt es der Katze, ihr Fell auch an weniger gut erreichbaren Stellen zu pflegen. Bald verliert es seinen Glanz und sieht leicht etwas struppig und verwahrlost aus. Wie beim alternden Menschen lassen auch bei der alten Katze Hörfähigkeit und Sehkraft allmählich nach. Ihre Augenlinsen verlieren durch eingelagertes Bindegewebe an Elastizität. Dieser Bindegewebsanteil läßt die Augen sehr alter Katzen mehr oder weniger blaugrau erscheinen. Zusätzlich werden die Sehzellen in der Netzhaut des Katzenauges immer weniger, so daß die Katze allgemein an Sehkraft einbüßt. Auch die Funktionen der inneren Organe lassen nach, allen voran der Nieren und der Leber. Darmträgheit führt nicht selten zu ernsthaften Verstopfungen. Tumore können in beinahe allen Teilen des Körpers wachsen. Kurz: Der Körper der Katze verfällt zusehends.

Die Katze schläft nun noch länger als bisher. Am liebsten sucht sie sich dafür einen Platz über dem Heizkörper, denn auch ihr Wärmebedürfnis ist gestiegen. Auch das Gehirn läßt in seinen Funktionen deutlich nach. Die Anzahl der grauen Zellen nimmt so weit ab, daß das Gehirn am Ende eines Katzenlebens um etwa 25 % leichter ist als in seinen besten Jahren. Die Signalübertragung im Nervensystem funktioniert immer langsamer. Tatsächlich reagiert eine greise Katze häufig so träge, als habe sie eine sehr „lange Leitung". Die Senilität macht sich nicht nur in körperlichen Symptomen bemerkbar. Mit der geistigen Flexibilität ist es auch nicht mehr allzuweit her. Veränderungen in ihrer Umgebung, sei es Familienzuwachs, eine neue Wohnzimmereinrichtung oder gar ein Umzug, verkraftet eine alte Katze nur noch sehr schwer. Sie ist darauf bedacht, an den Routinen ihres Alltags festzuhalten, sie womöglich noch gleichförmiger ablaufen zu lassen. Auch zeitlebens sozial veranlagte Katzen können im Alter zu griesgrämigen Einzelgängern werden, die gegenüber Artgenossen oft ausgesprochen unverträglich reagieren. Wird der Katze das Leben trotz all unserer Fürsorge unerträglich, sollten wir an Abschied denken. Der letzte Gang zum Tierarzt ist sicherlich ein schmerzlicher, aber zum Bemühen, seiner Katze ein artgemäßes Leben zu bieten, gehört eben auch, ihr ein langes Siechtum zu ersparen und ihr, wenn ihre Zeit gekommen ist, einen gnädigen Katzentod zu schenken.

Mit zunehmendem Alter werden viele Katzen recht griesgrämig und wünschen, während ihrer immer längeren Ruhephasen keinesfalls gestört zu werden. Spielfreudige Jungkätzchen bekommen dies nachdrücklich klargelegt.

Auch an Katzen geht das Alter nicht spurlos vorüber. Einige werden fett, die meisten aber verlieren im Greisenalter an Gewicht. Typisch vor allem für alte Kätzinnen ist eine immer weiter durchhängende Hautwamme am Bauch, die die eingefallenen Flanken noch deutlicher werden läßt. Diese Siamesin ist 13 Jahre alt.

REGISTER